AF619622

RÉGÉNÉRATION DE LA VIGNE

SUIVIE DE

QUELQUES NOTIONS DE PHYSIOLOGIE

ÉVREUX, IMPRIMERIE DE A. HÉRISSEY.

RÉGÉNÉRATION
DE LA VIGNE

PAR UNE

NOUVELLE PLANTATION

La plus conforme aux lois connues de la végétation

SUIVIE DE QUELQUES NOTIONS DE PHYSIOLOGIE

PAR E. TROUILLET

Professeur d'Arboriculture et de Viticulture pratique, Lauréat, Membre correspondant et titulaire de plusieurs Sociétés horticoles de France, Président d'honneur de plusieurs sections de la Société d'Arboriculture et de Viticulture vosgienne.

BIBLIOTHÈQUE IMPÉRIALE IMPR.

> « *La nature a ses lois immuables que l'on n'enfreint pas impunément ; aussi lorsque l'homme s'en écarte, elle le rappelle immédiatement à l'ordre en lui faisant subir un échec.* »

2e ÉDITION REVUE ET AUGMENTÉE

A MONTREUIL-AUX-PÊCHES (SEINE), CHEZ L'AUTEUR

RUE CUVE-DU-FOUR, 75, PRÈS L'ÉGLISE

PARIS

LIBRAIRIE CENTRALE D'AGRICULTURE ET DE JARDINAGE

RUE DES ÉCOLES, 82, PRÈS LE MUSÉE DE CLUNY

— Auguste GOIN, éditeur —

1865

AVANT-PROPOS

Le but que je me propose en publiant cette brochure est de prouver que la vigne n'est pas toujours traitée d'une manière conforme aux lois positives et aux effets naturels de la végétation. Je m'estimerai heureux si je puis aider un peu les viticulteurs en leur épargnant les travaux dispendieux, et, j'ose le dire, plus qu'inutiles de la plantation ; car ils ont pour effet direct d'empêcher la vigne de bien prospérer.

Je prie les personnes qui me liront de croire que je ne m'appuie que sur des faits pratiques, et que j'offre de prouver, par une quantité innombrable d'expériences décisives, que la durée de la vigne est nécessairement abrégée par une plantation mal faite et tout à fait en désaccord avec la nature, tandis que celle par laquelle je la remplace donne au précieux arbuste une plus longue vie et plus de fécondité.

RÉGÉNÉRATION

DE LA VIGNE

Avant de rien entreprendre au sujet de la végétation, l'homme qui raisonne doit se faire cette question : « Quel est le mode d'existence du végétal que j'ai l'intention d'étudier? » Alors il doit se reporter à toutes les remarques qu'il a faites sur la végétation du sujet, sur la manière dont il se comporte dans tel ou tel terrain. De là, naissent deux questions des plus importantes : la terre et le sujet.

DE LA TERRE VÉGÉTALE

On ne doit donner le nom de terre végétale qu'à la première couche qui se trouve à la superficie de tous les terrains, quelque mauvais qu'ils soient par rapport à la végétation ; il existe toujours une première couche seule capable de faire vivre les végétaux. Quelquefois cette première couche est si mince, qu'elle ne peut faire vivre que les mousses et plantes parasites. Si on y jette des engrais et si on y mêle de la terre du premier sous-sol, lorsque celui-ci n'est pas de sa nature contraire à la végétation, on peut à force de travail améliorer et approfondir cette couche végétale, et alors la végétation s'y fait dans de meilleures conditions; mais si la terre du sous-sol est mauvaise, les travaux et les sacrifices ne seront pas couverts par un produit suffisant. Aussi, voit-on presque tous les cultivateurs s'en tenir à leur terrain tel qu'il est, et le cultiver sans chercher les moyens de le modifier. Mais s'agit-il d'une plantation de vigne : on laisse les précautions de côté, on ne se demande ni quelle est l'épaisseur de la terre végétale ou du premier sol, ni si le sous-sol qu'elle recouvre est favorable à la vigne. On a l'habitude de mettre un grand bout de sarment en terre, on creuse un trou et on plante. Obtient-on une mauvaise végétation, on se dit bonnement : « Mon terrain ne veut pas de la vigne, » et on s'en tient là!

A ceux qui agissent ainsi, je dirai : « Prenez la peine d'arracher avec précaution votre vigne mal venante, et voyez dans quel état de vie se trouve le dernier nœud du bout de sarment que vous avez mis en terre, et là vous aurez le secret de la maladie de vos végétaux. Surtout ne me répondez pas cette phrase sacramentelle : « C'est la coutume! rapportons-nous-en à nos pères. » Ce préjugé, qui rend toute amélioration impossible, est une injure à la mémoire de nos pères; ce n'est qu'un masque pour l'entêtement et l'orgueil vexé des esprits routiniers, qui ferment les yeux à toute idée juste et étouffent tout progrès qui se produit sans leur permission. Nos pères étaient modestes; et, si la science leur avait fourni les lumières qu'elle nous offre aujourd'hui, ils auraient accepté ses bienfaits et ne lui auraient pas barré le chemin par jalousie ou par entêtement de l'ignorance vaincue.

J'ai déjà expliqué ce fait dans mon ouvrage de la *Culture de la Vigne sans échalas* (1); j'en reparlerai plus loin, lorsque je traiterai la question de la forma-

---

(1) 1 vol in-18 orné de 15 fig. 4e édition, *franco* 2 fr. 50 c. — Chez l'auteur à Montreuil (Seine). — A Paris, Auguste Goin, éditeur, rue des Écoles, 82.

tion du mésophyte artificiel d'après mes principes pratiques.

DU SOL PROPREMENT DIT ET DES DIFFÉRENTES ESPÈCES DE TERRES.

Les trois principales sortes de terres sont :

1° Les terres argileuses, qui sont grasses, compactes et laissent difficilement pénétrer l'air, étant pâteuses dans les temps humides, et croûteuses dans les sécheresses;

2° Les terres calcaires, qui ont les qualités et les défauts opposés à ceux des terres argileuses; les eaux y pénètrent facilement, mais s'évaporent de même; l'air y circule aussi librement. Ces terres sont labourables presque en tout temps, et susceptibles de beaucoup de culture;

3° Les terres siliceuses et les sablonneuses. Ces deux natures de terres ont une grande ressemblance; elles sont le plus souvent formées par le dépôt des torrents ou bien par les débris des roches siliceuses entraînés par les pluies;

4° Les terres d'alluvion. Ces terres sont généralement formées de débris organiques plus ou moins dissous, accumulés par les eaux descendues des hauteurs par l'effet des inondations, des crues, etc.

Aussi ces terres sont-elles toujours au bas des vallées. Elles sont généralement les plus fertiles; mais l'absence de calcaire les rend presque impropres à la culture de la vigne.

Presque tous les sols consacrés à l'agriculture sont un composé de ces trois premières espèces de terres dans les proportions les plus variables.

Si quelques terres sont formées d'autres éléments, elles sont une exception; tels sont les sols chargés de matières ferrugineuses, de manganèse, etc.; comme ces matières ne sont pas végétales, ces terrains sont généralement infertiles.

Les terres tourbeuses sont bien riches en détritus végétaux; mais leur consistance est si épaisse et si tenace, que l'air n'y circule pas. On les rend fertiles en brûlant leur surface et en mêlant la cendre à la couche supérieure, qui devient ainsi plus légère, plus pénétrable à l'air et à la lumière, et acquiert souvent une grande fertilité.

La terre végétale est souvent un composé de plusieurs sols primitifs, si heureusement combinés qu'elle est naturellement fertile sans qu'il soit besoin de la fumer ni de l'amender; mais le plus souvent elle ne devient réellement végétale que par ces diverses opérations.

Les meilleures terres sont moitié argileuses, moitié siliceuses. Celles-là sont légères sans être trop chargées de sable; la moindre humidité les rend grasses sans être glaiseuses, douces et onctueuses au toucher. Celles qui sont trop chargées de sable deviennent le plus souvent improductives, lorsque la sécheresse continue pendant longtemps; aussi les étés chauds sont tout à fait contraires aux plantes dans ces natures de terrains.

Les terres glaiseuses sont difficiles à cultiver, et produisent peu en comparaison de la fatigue qu'elles exigent; cependant, si l'argile ne domine pas trop, on peut, avec des engrais légers, vaincre leur nature et les rendre susceptibles d'un assez bon produit; mais l'argile pure sans mélange est tout à fait impropre à la culture.

On peut certainement par des mélanges rendre toutes les terres propres à la culture; mais, je l'ai déjà dit, souvent les dépenses dépassent les produits : il faut donc avant tout étudier son terrain, d'abord dans son sous-sol comme dans sa couche superficielle, et le soumettre en attendant à la culture que comporte sa constitution.

Terre de bonne culture

On voit par ce qui précède quels sont les éléments qui constituent une terre de bonne culture. Il faut qu'elle soit d'un gris brun on d'un jaune noirâtre; qu'elle ne soit ni trop légère ni trop serrée; elle doit tenir aux doigts lorsqu'on la presse, et il faut qu'au toucher elle soit douce; il s'en suit qu'elle sera facile à labourer ; et si la première couche ainsi constituée a huit à neuf décimètres de profondeur, elle produira, avec un peu d'engrais, toute espèce de graines, de plantes, d'arbustes et d'arbres. Ces natures de terres sont propres à toutes cultures.

Terres dites fortes

Les terres appelées communément fortes sont celles où la glaise domine et dont le sous-sol est de glaise pure. Ces terres sont froides et humides ; elles se collent aux outils ; les arbres et les arbustes pivotants y vivent difficilement. Il faut, pour obtenir une bonne culture dans ces terres, faire les labours avant l'hiver, les remuer profondément pour les ameublir, et y mélanger s'il est possible des résidus gypseux ou calcaires.

Terres dites à froment

On appelle ainsi les terres riches en humus (1) ;

---

(1) On nomme *humus* la terre noirâtre, presque toute composée de débris végétaux et animaux plus ou moins décomposés.

elles donnent d'assez bonnes récoltes sans engrais; aucune première matière n'y domine; elles ne sont ni légères, ni glaiseuses, ni pierreuses, et le plus souvent le premier sous-sol est argileux.

Terres appelées neuves

Les terres dites neuves sont celles qui n'ont pas encore été cultivées, ou qui n'ont rien produit depuis fort longtemps, soit faute de culture, soit parce que des travaux les ont isolées du contact de l'air : telles sont celles que l'on retire des fosses profondes; si elles ont les qualités nécessaires à la végétation, l'air les vivifie par son influence combinée avec les rayons solaires. Ces sortes de terres, mélangées en petite quantité avec un sol déjà fécond, en augmentent la puissance et activent la végétation des plantes qui lui sont confiées. Ce mélange de terres est des meilleurs pour la vigne, les légumes, et le plus souvent il est préférable aux meilleurs engrais.

Terrains pierreux

Il y a des terrains mêlés de pierres, en plus ou moins grande quantité et plus ou moins grosses, dans la couche de terre végétale de certains terrains; souvent, lorsqu'elles n'y sont pas en trop grande quantité, elles ne sont pas nuisibles; la nature, en cela comme en tout, a bien certainement eu son but. Mais lorsque la couche végétale n'est pour ainsi dire que de pierres, il faut bien certainement en ôter; car on comprend que les racines, qui ne doivent vivre que dans une couche non interrompue de terre et à l'abri de l'air, ne peuvent vivre dans une terre divisée et éparpillée dans les minces interstices des pierres : alors la végétation périra nécessairement en grande partie si on ne vient à son secours; cependant, pour la culture de la vigne, ces sortes de sols sont souvent très-favorables.

Terre végétale proprement dite

La terre végétale est la première couche, c'est-à-dire celle qui forme la superficie du sol; plus cette couche est épaisse, plus elle peut donner d'aliment aux végétaux qu'on lui confie. Cette couche peut perdre en qualité, à mesure que les plantes épuisent l'humus qu'elle contient. Cet humus peut se remplacer par des engrais ou des amendements appropriés à sa nature; par ce moyen, une bonne terre végétale, si on la soutient convenablement, peut se maintenir bonne et capable de produire toujours.

DES SOUS-SOLS

On appelle ainsi la couche qui suit immédiatement le sol. Lorsque le sous-sol est très-épais, il exerce une grande influence sur la couche végétale ; si celle-ci n'est pas très-épaisse, et si le sous-sol est compacte, il offre l'inconvénient de retenir l'eau au point de rendre la terre végétale trop humide, et parfois presque impropre à la végétation. S'il est spongieux, au point de se laisser traverser promptement par l'eau, la couche végétale est presque toujours desséchée, ce qui fait beaucoup de tort à la végétation. Dans tous les cas, il faut, pour qu'un terrain soit de bonne qualité, que le premier sol ou couche végétale ait assez d'épaisseur pour que le sous-sol soit sans influence sur la végétation.

Enfin, quelle que soit l'épaisseur de la couche végétale, il ne faut jamais planter aucun végétal, aucune plante plus profondément que cette première couche, car il est peu de sous-sols propres à la végétation, et en agissant ainsi on s'expose toujours à avoir de chétifs produits.

Moyen pratique de reconnaître la nature de son terrain

La chimie offre, par l'analyse des terres, le moyen

d'en reconnaître la qualité ; mais peu de cultivateurs sont capables de faire cette analyse, d'abord faute de connaissances, ensuite faute d'instruments nécessaires.

Plusieurs auteurs ont proposé de faire brûler des petites boulettes de terre, et d'en reconnaître la qualité après leur dessiccation. Ce moyen peut avoir quelques avantages en donnant au cultivateur l'idée d'améliorer son terrain par des mélanges, qui souvent réussissent ; mais tous ces moyens sont longs et ne remplissent pas le but du cultivateur, qui est de connaître ce que son terrain peut produire.

Voici le moyen que j'emploie pour connaître un terrain quelconque. Comme ce moyen est à la portée de tout le monde et sans frais, il sera employé par les hommes qui aiment à se dire : « Je fais ceci pour telle chose, et je fais cela pour telle autre. »

Lorsque j'ai une plantation à faire, je commence par creuser en terre un trou de 1 à 2 mètres de profondeur ; puis, avec une bêche ou un instrument de jardinage bien tranchant, je rafraîchis les parois de ce trou ; par ce moyen je reconnais l'épaisseur de la première couche de terre, et je vois aussi la nature du ou des sous-sols ; je fais mes plantations et mes labours suivant l'épaisseur de la première couche de terre, et jamais plus profondément, à moins que le sous-sol ne soit susceptible de s'améliorer par le contact de l'air. Pour la plantation, consulter mon traité *Culture de la Vigne sans échalas ni attaches.*

IMPR.

DES ENGRAIS.

Les meilleures terres finiraient bientôt par s'épuiser si les engrais ne venaient de temps en temps en renouveler l'humus et leur rendre les sels nécessaires à la végétation.

On distingue trois espèces d'engrais, suivant qu'ils sont de nature végétale, minérale ou animale.

Des engrais végétaux

Il n'est pas de végétaux impropres à produire de l'engrais, et lorsqu'on sait les préparer, ils font la base des plus actifs et des meilleurs, comme l'a prouvé M. Turrel. Il est à regretter que ce savant n'ait pas été mieux compris ; aujourd'hui on n'aurait pas à souffrir de la cherté excessive des engrais ; on aurait pour toutes les cultures un seul et unique engrais, à base végétale combinée avec divers agents minéraux et animaux.

Des engrais animaux

Exemple : tout ce qui vient des animaux sans

exception. même des lombrics (vers de terre), des poissons, des insectes, etc., peut fournir des engrais excellents. Les débris quelconques de ces mêmes animaux, chairs, peau, crins, laine, excréments, etc., contiennent des sels propres à rendre une nouvelle vigueur à la terre épuisée par les végétaux enlevés.

Les engrais animaux diffèrent de puissance suivant leur nature; les excréments des bêtes à cornes sont généralement aqueux, et ceux des chevaux, ânes, mulets, moutons, sont secs et chauds; ceux de chèvres et de volailles, poules, pigeons, sont plus chauds et plus énergiques; mais ils n'ont qu'une action d'autant moins durable que leurs sels sont promptement absorbés par la végétation.

Ceux de porcs sont froids, lents à se décomposer, et susceptibles d'agir fort longtemps.

Le meilleur, le plus puissant des engrais animaux est, sans contredit, celui qui provient des excréments humains; mais, lorsqu'il est employé frais et isolément, son action est trop forte pour qu'il produise un bon effet; il faut le garder plusieurs années et le réduire en poussière.

Arrivé à cet état de dessiccation, qu'on est convenu d'appeler *poudrette*, il faut encore l'employer avec ménagement, et le mêler à des amendements ou à des engrais végétaux.

Toute substance qui, mise en tas, fermente et se putréfie forme de l'engrais. Ainsi, on peut considérer comme engrais les boues des rues, l'eau fétide des ruisseaux, les résidus de boucherie, le couvain des abeilles; tous les insectes en général peuvent aussi faire de l'engrais plus ou moins actif qui, approprié au sol chaud ou froid, peut aider à obtenir de meilleures récoltes.

Le *guano* du Pérou, le plus puissant engrais animal, ne donne pas toujours un bon résultat si on l'emploie dans une terre chaude et desséchée; mais si, au lieu d'employer isolément chaque espèce d'engrais, on voulait se donner la peine de faire le mélange des produits végétaux, animaux et minéraux; si on voulait, en un mot, travailler les engrais comme on travaille toute chose quand on veut obtenir un bon résultat, on obtiendrait, comme je l'ai déjà dit, un engrais composé qui s'adapterait, au moins dans quelques parties de son composé, à chaque nature du sol, et on aurait toujours à sa disposition des matières premières d'engrais.

Des engrais tirés des minéraux

Les minéraux travaillés, brûlés ou cuits, et même quelques-uns à leur état naturel, tels que la marne, les tangues, coquillages, etc., peuvent dans bien des cas fournir de bons engrais; mais il faut toujours savoir les approprier à la nature du sol.

Il n'existe pas de localité où le sol ne présente dans ses sous-sols des substances riches en sels fertilisants : en brûlant ces matières, comme nous venons de le dire, on en isole des sels, qu'on mêle ensuite aux matières animales et végétales en fermentation, et l'on obtient des engrais composés d'une puissance merveilleuse.

TRAVAIL DES ENGRAIS

1° Sur l'emplacement où l'on veut former un tas ou dépôt d'engrais, il faut commencer par déposer une couche de terre végétale de 15 à 20 centimètres d'épaisseur ;

2° Commencer ensuite par une couche de végétaux quelconques, tels que les offre la localité : feuilles sèches, sciure de bois, paille, herbes fraîches de toutes espèces, gazons, feuilles vertes de pin,. de sapin, de bruyère, de genêt, de vesces, trèfle, sarrasin ou blé noir, choux, navets, lentilles, etc. ; faire du tout une couche de 25 à 30 centimètres d'épaisseur ;

3° Jeter sur cette couche des engrais minéraux en poudre, tels que marne cuite et non cuite, plâtre cuit et non cuit, chaux, salpêtre, couperose ou vitriol vert concassé, tourbe, suie de cheminée, cendres de bois, terre pourrie, etc. Après avoir mélangé ces matières minérales. on en fait une couche de 2 centimètres d'épaisseur. La première couche, composée de terre végétale, doit aussi par la suite retenir le purin que les pluies et les arrosages feront sans aucun doute filtrer à travers le tas d'engraïs ;

4° Continuer le tas, comme je l'ai dit, avec tout ce que l'on a en sa possession; végétaux, tels que feuilles sèches et vertes, herbes de toutes sortes, paille, engrais, marcs de raisin ou de fruits, tan, gazons, etc., etc., animaux, insectes de toutes sortes, poisson, cornes, poils, cuirs, os pulvérisés, chiffons, urines, excréments, chairs, guano, résidus de boucherie, colle forte dissoute à l'eau chaude par 100 grammes dans chaque litre d'eau, etc.; minéraux, cendres de toutes espèces, suie de cheminée, tourbe, la marne cuite et non cuite, la craie cuite, les chaux de toutes sortes, le salpêtre, le soufre en poudre, le plâtre cuit et non cuit réduit en poudre, la tangue, le falum, les coquillages d'huîtres et autres pulvérisés, le sodium ou sel de cuisine (marin et de mine), la couperose concassée, la terre végétale mêlée à toutes ces matières, la boue des rues, le résidu des nettoyages des étangs, des ruisseaux, etc., etc.; en un mot, toutes les matières végétales, animales et minérales sans exception. Les matériaux ne manquent pas, on le voit, pour faire de l'engrais; mais, je l'ai dit, il faut s'en occuper.

Ainsi, en résumé, lorsque les deux premières couches d'un tas d'engrais sont formées, il faut les continuer avec toutes les matières dont on peut disposer suivant la localité, et en les formant de temps à autre, ou par chaque épaisseur de 30 centimètres;

il faut faire un arrosage d'eau dans laquelle on aura délayé soit des matières fécales ou excréments de toutes sortes, soit du sel de cuisine ou de la colle-forte, l'eau de vaisselle ou de savon, urines de toute sorte, etc. On peut aussi alterner ces arrosages, tantôt avec une matière, tantôt avec une autre; même, si les tas d'engrais se trouvaient être dominés par les minéraux, faute d'autres matières premières, on peut employer l'eau seule pour faire dissoudre et mettre en fermentation ces composés; dans ce cas, la colle-forte peut, ainsi que les résidus de ces fabriques, être mélangée aux matières composant ces tas d'engrais.

Cet engrais composé, qui peut avec raison être appelé végétal, animal et minéral, a un grand avantage sur les engrais simples, car il s'assimile par plusieurs parties de son composé avec n'importe quel sol; tandis que les engrais simples, soit végétaux, soit animaux, soit minéraux, sont souvent mal employés par rapport au sol : tantôt ils sont trop chauds, tantôt ils sont trop froids, tantôt trop forts, tantôt trop faibles; puis, suivant telle température, ils agissent trop ou trop peu, ou dans un sens opposé aux besoins des plantes. Aussi, voit-on tel engrais réussir une année et manquer son but les années suivantes. Il est certain que c'est la température qui occasionne ces résultats différents : ce qui n'aurait pas lieu si l'engrais était toujours par quelques parties de son composé en rapport avec l'atmosphère; les sels ou minéraux agissent par la sécheresse; les végétaux et animaux agissent par l'humidité. En tout cas, les plantes confiées à un terrain ainsi fumé trouveraient à s'assimiler quelques parties.

Amendement ou fumure

On entend vulgairement par fumure tout ce qui, étant mélangé avec la terre, peut donner un aliment aux végétaux qui lui sont confiés. Ainsi, quelle que soit la matière que l'on emploie, si elle agit convenablement, le cultivateur a atteint son but. Mais ce but ne s'atteint pas toujours aussi facilement qu'on le pense : si le choix des engrais n'est pas en rapport avec les besoins du terrain, les influences atmosphériques viennent souvent dérouter les personnes qui agissent sans de vraies connaissances.

Il est toujours une considération qu'on ne doit pas oublier quand on amende une terre : c'est la puissance végétative des plantes que l'on désire cultiver; par exemple, il faut plus d'engrais pour cultiver la betterave, le blé, le maïs, le millet, le chanvre, etc., que pour cultiver le sarrasin, la vesce, le lupin, le trèfle, etc. Les arbrisseaux, arbustes, et les arbres fruitiers, en général, poussent en raison de la fumure qu'on leur donne; si cette forte végétation est dirigée et modérée au besoin par une main habile, on aura de bons et beaux produits; mais si on l'abandonne à sa fougue naturelle, il n'y aura que du bois et pas de fruits.

La vigne, qui est l'objet spécial de cet ouvrage, doit être rangée parmi les arbrisseaux, et, par conséquent, elle doit être modérément fumée et amendée dans les terrains de bonne nature; mais dans les terrains légers, où elle pousse peu, on doit recourir à de copieuses et abondantes fumures.

Or, c'est ici que je recommande l'engrais composé dont j'ai parlé à l'article *Travail des engrais*, attendu qu'avec cet amendement on aura une plus forte végétation, et on ne craindra pas de communiquer aucun goût particulier aux produits, ni d'altérer la qualité : deux conditions bien essentielles aux produits vinicoles.

En commençant cet opuscule, j'ai établi les deux points essentiels qu'il ne faut jamais perdre de vue en toute matière de culture : la *terre* et le *sujet*. Je viens de m'occuper du premier, et je vais passer en revue le second. Ce que je dirai de la vigne pourra également s'appliquer aux arbres fruitiers en général, soit francs ou de semis, et aux arbres obtenus de boutures.

DU SUJET

Que de réflexions ce simple mot suggère chez le

cultivateur attentif aux effets merveilleux de la végétation ! Combien il remarque à chaque pas, avec l'abbé Rozier, que la nature en sait plus que nous; et combien il se sent pénétré de vénération pour le Créateur, quand il suit pas à pas le développement admirable des végétaux ! Combien enfin, si l'orgueil ne l'aveugle pas, il se sent faible et impuissant devant les prodiges innombrables que la nature étale sous ses yeux, et qui ont été créés pour l'aider à vivre sur cette terre, où il voudrait tout conduire et maîtriser ! Mais que de temps s'écoulera encore avant qu'il ait seulement soulevé un coin de ce voile mystérieux ! Cependant Dieu n'a créé ce mystère que pour stimuler l'être qui est son plus bel ouvrage, et pour en faire le ministre de la création et de la vie.

Pour agir autant que possible et avec ordre à l'égard du sujet, je vais m'occuper de la vigne de semis et de ses effets naturels de végétation. Dans la *Culture de la Vigne en plein champ*, j'ai dit que, dans la vigne venue de graine, le mésophyte est toujours à la surface du sol.

C'est ce que je vais prouver par une démonstration aussi claire que possible.

Lorsqu'une graine quelconque est mise en terre, le point vital ou le principe organisateur de tous les végétaux se gonfle par la chaleur et l'humidité; ce qui fait dire à Buffon que les végétaux, comme les animaux, sont pourvus d'un principe organisateur qui détermine la force, la vie et la grandeur de chaque espèce, et qui, suivant lui, peut être considéré comme l'*âme* de chaque individu, soit végétal, soit animal.

Ce principe organisateur, ou point vital de toute graine, se nourrit pendant quelque temps et dans son bas âge de sa propre substance, c'est-à-dire des parties qui l'enveloppent, soit amande, pulpe ou gousse : c'est ce que l'on peut appeler son lait. Après quoi, ayant épuisé ces parties qui l'entourent, la radicule arrive à la terre en traversant chacune des parties de la graine et en l'écartant; et, une fois arrivée là, elle prend à la terre les sucs qui sont nécessaires au développement du principe organisateur : celui-ci se fortifie et grandit en formant la gemmule, qui, à son tour, forme la plumule. Celle-là sort de terre en enlevant avec elle les parties de la graine qui ont servi à sa première nourriture, et forment la ou les premières feuilles de l'être végétal pour ainsi dire naissant, suivant qu'elles appartiennent aux monocotylédones ou aux dicotylédones, etc.

Ici se présente un point très-important et bien délicat : c'est que, d'une part, la radicule ou la racine descend en terre; tandis que, de l'autre, la plumule ou la tige s'élève dans l'espace : peut-on croire que le mésophyte, ou jonction de la radicule et de la plumule, n'a aucune fonction ?... Pour moi, je pense le contraire, et mes recherches assidues me l'ont prouvé.

Puis, comme l'a dit judicieusement M. Lamouroux, professeur d'histoire naturelle, dans l'*Encyclopédie portative*, tome Ier, page 65, à l'article *Organographie et Anatomie végétale* : « *La nature n'emploie jamais d'instrument inutile.* »

Au même volume, page 77, en rapportant les paroles de La Marck, il est dit au sujet du mésophyte : « Il faut donner à cet organe le nom de *nœud vital.* »

Le célèbre de la Quintinye, dont le nom fait toujours avec juste raison autorité en arboriculture, va plus loin encore; car il dit dans ses *Instructions pour les jardins fruitiers et potagers*, édition de 1739, tome Ier, page 13 : « Dans l'endroit où le tronc se « joint à la racine, l'âme fait sa demeure et prend « son origine. »

M. Chaptal, dans son *Manuel d'Agriculture pratique*, 1852, page 359, dit aussi : « Il faudra veiller à « ce que, dans les plantes qui naissent avec des coty- « lédons, ces feuilles séminales ne soient aucunement « attaquées ni par les insectes, ni par les oiseaux, « qu'elles ne soient pas non plus enterrées, parce que « dans ces deux cas le sujet périrait immanquable- « ment. »

Enfin Mme Aglaé Adanson, fille du célèbre naturaliste Adanson, dans la 5e édition, publiée en 1845, de son ouvrage *la Maison de campagne*, t. II, p. 158, recommande, au sujet de la plantation, de laisser le collet à fleur de terre.

Toutes ces citations ne sont-elles pas une preuve, si on en avait besoin, que l'on reconnaît une fonction à cet organe?

D'abord, un arbre venu de graine quelconque n'a

le plus souvent la propriété de prendre racine que jusqu'à cette jonction; de même sa tige n'a aussi presque toujours la propriété de pousser des rameaux ou branches que jusqu'à ce point de jonction entre la vie souterraine et la vie aérienne.

Si les arbres venus de graines, pepins, noyaux, etc., sont pourvus de tous les organes essentiels à la végétation, il n'en est pas de même des arbres ou végétaux obtenus par drageons, stolons ou boutures : dans ces espèces de sujets, il n'y a pas de mésophyte, ou jonction de la radicule et de la plumule. Par conséquent, pour que cet organe existe, il faut que la nature, dans sa prévoyance infinie, crée un mésophyte artificiel : et c'est ce qui toujours a lieu. Je démontrerai plus loin où cette jonction s'établit.

Lorsqu'on sème des pepins de vigne, ils suivent les phases que je viens de décrire et établissent leur mésophyte ou jonction de la radicule et de la plumule presque à la surface du sol; la partie inférieure du mésophyte n'a point de moelle et forme le commencement du système radiculaire, qui se compose de fibres allongées, continues, compactes et sans nodosités se ramifiant dans le sol. Voici l'état naturel du système radiculaire de la vigne obtenue de semis; la force de ce système radiculaire *naturel* se comporte ainsi : la première année, il est beaucoup plus long que le système aérien ou tige : la deuxième, il l'emporte encore; la troisième, il est souvent encore plus fort et finit par se mettre en rapport par la suite, alors, si la taille ne vient pas déranger cette harmonie, les deux systèmes radiculaire et aérien continuent de s'allonger et de se ramifier mutuellement. En lisant attentivement ce qui précède au sujet du semis, il est impossible de ne pas reconnaître qu'en plantant une vigne avec un long sarment en terre on s'écarte complétement des lois de la nature, qui ne met pas de moelle en terre.

Mais, comme je l'ai dit dans ma *Culture de la Vigne*, la vigne ne se peut semer pour sa culture, attendu que par ce mode de reproduction elle fait trop attendre son produit; puis les semis changent la nature du cépage, et l'on ne peut être assuré d'avoir telle ou telle variété. En revanche la nature, toujours prévoyante, a donné mille moyens de reproduire les espèces : d'abord par un œil simple, par la greffe, par les marcottes, par les boutures simples appelées communément *chapons*, par la crossette avec une partie non moelleuse à la base, ce qui garantit la moelle du contact de l'humidité et la met à l'abri des insectes; c'est pourquoi aussi je donne la préférence à ce mode de reproduction.

Voyons maintenant ce qui se passe dans le sol par les différents modes de repeuplement ou de plantation de vignes.

Les sarments qui doivent former des plants ont été jusqu'alors, à quelques exceptions près, préparés au hasard : les uns prennent le sarment issu de la taille, sans aucun soin préalable; tantôt il est coupé près de l'œil; d'autres sont coupés de 3 à 5 centimètres au-dessous du dernier œil du bout du sarment mis en terre; en un mot, *sans raisonnement aucun.*

D'autres vignerons, plus soigneux, ont cherché à avoir à la base du sarment qui doit former le plant, une partie non moelleuse. Mais comment prépare-t-on ses plants? En faisant aux uns une coupe en sifflet, les autres avec éclat ou coupés avec un instrument mal tranchant, laissant une partie froissée; puis à la base de ce bourrelet, comme on l'appelle vulgairement, une partie de vieux bois qui empêche le recouvrement de cette coupe, qui doit par la suite former un milieu entre le système radiculaire et le système aérien.

Nous venons de voir, page 29, comment, dans une vigne semée, le système radiculaire se comporte, eu égard au système aérien. Voyons maintenant ce qui se passe après la plantation des sarments dans le sol. D'abord, lorsque l'on met un long sarment en terre, il se développe sur toute la longueur une grande quantité de petites racines; puis au-dessous de chaque œil quelques-unes plus fortes; puis au bout du sarment, c'est-à-dire au-dessous du dernier œil, la racine ou les racines que l'on appelle partout *racines-mères.* Cette grande quantité de fausses racines donne, quelquefois la première, mais toujours la seconde année, un ou plusieurs forts sarments qui détruisent l'harmonie qui doit exister entre le système radiculaire et le système aérien. Mais qu'importe au vigneron le défaut d'harmonie entre la radicule et la tige! Il a un fort sarment, il est content. La vigne est-elle dans de bonnes conditions pour l'avenir ? il ne s'en soucie guère. La mère, que j'appellerai par la suite *mésophyte artificiel*, est-elle bien formée ? Beaucoup de racines y ont-elles pris naissance ; sont elles fortes et vigoureuses? Le bout ne pourrit-il pas? ce sont là des niaiseries. Les racines bâtardes périront, et si la mère ou mésophyte artificiel ne vaut rien, le cep périra aussi. Mais on a le provignage qui supplée à cet inconvénient, me répond-on de toute part. Ce cep malade donnera t-il beaucoup de beau et bon raisin ? C'est le moindre des soucis du vigneron ; il a un long sarment, c'est tout ce qu'il lui faut ; puis, s'il a un bon cep, est-ce qu'il ne peut pas en faire avec celui-ci deux, quatre, cinq, six, sept, huit, et même dix ? Alors il laissera quatre grappes par chaque cep, et la même mère, couchée, gênée, pliée, enfoncée dans le sol, atteinte souvent par l'outil de labour, supportera quarante grappes en réalité, mais on n'en verra que quatre par chaque cep. Et maintenant, réfléchissez, et ne criez plus haro quand je parle de laisser vingt grappes sur un bon cep dont le mésophyte artificiel est bien établi avec un bon système radiculaire ; car, vous le voyez, je ne laisse que la moitié de ce que vous en laissez ; je n'ai rien qui soit plié, gêné, contourné, blessé dans le sol. Puis, si on veut étudier un peu la marche de la séve ascendante, je n'ai pas de coupes répetées, qui amènent la mort dans l'intérieur du cep et entravent la marche et l'ascension de la séve.

Je pourrais par mille faits prouver que le mésophyte

artificiel bien établi est toute la vie du cep obtenu de bouture. Je vais en rapporter un qui est assez concluant pour lever tout doute à cet égard. Il y a une dizaine d'années, M. Benot, propriétaire, faubourg Saint-Antoine, à Châlons-sur-Marne, planta de la vigne à 2 mètres environ d'un mur pour, par la suite, faire une vigne en treille. La première année, le cep dont je vais parler donna peu de bois ou sarment et ne fut pas provigné; la seconde année, on ne lui laissa qu'un rameau, qui s'allongea d'environ 1 mètre 50 centimètres : il fut couché et taillé à trois yeux, qui donnèrent trois vigoureux sarments. Ceux-ci, à l'automne, furent couchés, l'un du côté droit, l'autre du côté gauche, et le troisième tout droit; ils arrivèrent au pied du mur et firent par la suite la base de trois ceps formant chacun leur cordon de la treille. En 1854, les trois cordons périrent en quelques jours; ils jaunirent, et le raisin n'arriva pas à maturité. Ils furent rabattus à l'automne presque au niveau du sol par le propriétaire; et, lorsque je les vis au mois de septembre 1855, ils avaient à peine produit quelques pousses grêles, jaunes, et des petites feuilles que l'on appelle dans plusieurs localités *feuilles d'orties*. Le propriétaire ne pouvait se rendre compte de la perte presque instantanée de ces trois cordons; il m'en demanda la cause : je lui affirmai qu'elle était due à la destruction du mésophyte par une cause quelconque. Plusieurs personnes qui étaient présentes ne pouvaient comprendre l'importance du rôle que joue le bout d'un sarment mis en terre. « Puisque, me disaient-elles toutes, cette vigne a été couchée, elle a des racines dans toute sa longueur; dès lors à quoi peuvent servir les racines du bout du sarment? — Soit, leur répondis-je; mais qu'on aille chercher des outils puisqu'elle est morte, et rendons-nous compte du fait. » On creusa à peu près à l'endroit où elle avait été plantée, et une racine nous guida pour arriver au bout du sarment. Là nous découvrîmes que les racines de la mère cépée (que j'appelerai toujours mésophyte artificiel, ou avec La Marck *nœud vital*, jusqu'à preuve contraire) étaient moisies, champignonnées et pourries. Nous suivîmes les deux provignages et découvrîmes une assez grande quantité de belles racines assez fortes et très-saines... Pourquoi ces racines ont-elles laissé périr les ceps? Que l'on me réponde par une raison admissible, je ne ferai pas l'entêté; car cette question peut-être, toute simple qu'elle paraisse, résout, comme je l'ai dit au titre de ce petit opuscule, toute la régénération de la vigne par des plants faits avec un peu de raisonnement, comme je l'indique dans ma *Culture de la Vigne en plein champ*.

En résumé, je terminerai par ce que j'appelle les *principes généraux de la plantation*.

La plantation est bien certainement la première et la plus importante (lorsqu'elle est bien faite et avec de bons sujets) de toutes les opérations de la viticulture et de l'arboriculture. Malheureusement, c'est celle à laquelle on s'applique le moins; il semble que la terre doive suppléer à tout, qu'elle doive disposer les racines, nourrir les végétaux et donner du produit bon gré, mal gré : peu importent les lois de la nature sur la végétation, peu importe la nature du sol sur lequel on travaille, peu importe la circulation de la séve, peu importe encore si un arbre ou un arbrisseau est un être vivant, mangeant, buvant, respirant, sécrétant, ayant ses périodes de travail et de repos, ses moments d'amour, s'unissant, se reproduisant, remplissant en un mot, comme l'animal, toutes les fonctions organiques, moins la sensation.

Pour la majeure partie des viticulteurs et arboriculteurs, ces faits naturels de la physiologie végétale passent inaperçus. Ils n'ont sans doute jamais pensé que, pour être réellement un bon viticulteur ou arboriculteur, il faudrait être un peu botaniste, physicien, géologue, chimiste, astronome, et avant tout connaître les différentes natures de terres et d'engrais :

Botaniste et initié à la physiologie végétale, afin de connaître les différentes fonctions des diverses parties de l'arbre ou arbuste que l'on désire traiter;

Physicien pour pouvoir reconnaître l'action des forces impondérables sur la vie végétale, les influences atmosphériques, et savoir en user au profit de ses sujets;

Géologue, pour apprécier la formation des couches terrestres, leur composition et les éléments qu'elles peuvent fournir aux racines des arbres et arbrisseaux;

Chimiste, pour connaître l'action des substances qui agissent les unes sur les autres dans les phénomènes qui composent la vie végétale;

Astronome, enfin, pour connaître les influences présumables du soleil et de la lune sur la terre, et l'attraction continuelle que ces trois corps ont entre eux, en faisant mouvoir continuellement les agents les plus puissants de la végétation, qui sont la *chaleur*, l'*humidité*, la *lumière*, etc.

NOTIONS ET CONSIDÉRATIONS

D'ANATOMIE ET DE PHYSIOLOGIE

VÉGÉTALES

DES TISSUS VÉGÉTAUX

Tout tissu végétal est composé de trois parties bien distinctes : des cellules, des fibres, des vaisseaux, dont les réunions respectives prennent les noms de : tissu cellulaire, tissu fibreux, tissu vasculaire. Leurs fonctions sont très-différentes, mais nous n'avons pas à nous en occuper ici, et nous nous contenterons de dire que, si leurs apparences et leurs fonctions diffèrent, leur nature intime est la même; chimiquement parlant, ils se composent de quatre corps élémentaires : carbone, oxygène, hydrogène et azote; le carbone y entrant pour moitié environ, et l'oxygène et l'hydrogène étant dans la proportion nécessaire pour former l'eau, ces principes, sous l'action vitale de la plante, se combinent deux à deux, trois à trois, et quatre à quatre pour former la gomme, la fécule, le sucre, la cellulose, les acides acétique, tartrique, tannique, etc., les résines, les huiles, la cire, etc., le gluten, l'albumine, le silicate de potasse dans la vigne, etc., etc.

Ces substances, et d'autres encore qu'il est inutile d'indiquer, ont reçu le nom de *Principes organiques végétaux*. Les quatre premières, auxquelles on pourrait ajouter la *lignine*, forment la composition immédiate en quelque sorte du végétal.

La gomme, le sucre, la fécule (sans l'action de l'humidité et de la chaleur) sont solubles; la cellulose et la lignine, qui forment à proprement parler les cellules et les fibres, par conséquent la substance même du bois, sont insolubles; mais ces cinq principes fondamentaux, réunis dans le tissu de la plante, jouissent de la propriété de se transformer les uns dans les autres sous l'action nécessaire de la chaleur et de la lumière. Des expériences nombreuses et éminemment concluantes, dont il nous serait fort inutile d'expliquer le détail, ont prouvé jusqu'à l'évidence que le concours de ces deux influences météoriques était de la dernière nécessité dans le phénomène de la végétation, ou, pour parler plus correctement, au point de vue de la lignification.

Ces considérations un peu trop scientifiques nous ont paru nécessaires pour arriver à l'étude de la nature, de la marche et du rôle de la séve dans les végétaux; cette étude est de la plus haute importance en ce qu'elle nous enseigne le traitement des arbres et arbrisseaux en général, nous ne nous y arrêterons que pour en tirer ces notions, et nous commencerons par l'examen des feuilles, qui sont les organes d'élaboration et de transformation des sucs nourriciers amassés dans le sol par les racines.

DE LA FEUILLE

La feuille est comme le bois, composée de tissus cellulaires, fibreux et vasculaires; mais elle présente cette particularité que son épiderme, surtout l'épiderme inférieur, c'est-à-dire tourné vers la terre, est perforé d'un nombre plus ou moins grand (selon l'espèce du végétal) de petites ouvertures appelées stomates; ces perforations, dont les fonctions ont été longtemps inconnues, ont été attentivement étudiées récemment, et on a découvert après des expériences nombreuses qu'elles servent à la transpiration, et même que la transpiration de la plante, indépendamment des autres circonstances qui influent sur elle, est proportionnelle au nombre des stomates.

Dans l'état actuel de la science, on est encore en droit d'attribuer à ces organes les fonctions d'aspiration et d'expiration, par analogie avec les fonctions des parties qui, dans les insectes, portent ce nom. Nous verrons plus loin quand nous parlerons de la séve l'utilité de ces remarques.

La plupart des végétaux n'ont de feuilles que du printemps à l'automne; ceux qui font exception à cette règle, dits à feuilles persistantes, comme les résineux, le houx, le buis, etc., ne sont cultivés que pour ornement; nous ne nous y arrêterons pas, nous parlerons seulement des premiers.

Les végétaux à feuilles caduques perdent, comme nous l'avons dit, ces feuilles à l'automne; à cette époque, les organes qui doivent les remplacer l'année suivante sont contenus dans les bourgeons en germe.

Donc, pour connaître l'origine de la feuille, il faut remonter à celle du bourgeon.

En règle générale, la séve que chaque feuille élabore redescend par le pétiole et s'arrête en partie à sa base. Cette accumulation de la séve à la base du pétiole fait développer beaucoup de petites cellules et y occasionne une tumeur qui forme une saillie à l'extérieur; cette saillie va s'accroissant jusqu'à l'automne, époque à laquelle elle a la structure du bourgeon; au printemps, celui-ci se développe et donne lieu soit à une feuille, soit à un rameau; on peut donc conclure de l'insertion des feuilles sur la tige la ramification générale.

Toutefois il n'en est pas toujours ainsi : dans des circonstances données, l'on voit sortir de l'écorce, en des points non déterminés d'avance par la présence d'un bourgeon, une feuille ou un rameau qui vient troubler la régularité de la ramification.

Cette nouvelle pousse a été produite, non plus par le *bourgeon normal* dont nous avons décrit la formation, mais par un *bourgeon adventice* dont l'origine toute différente présente le plus grand intérêt pour l'étude qui nous occupe.

On sait que la section faite dans la tige d'un arbre présente à l'œil le moins exercé des couches d'apparences très-diverses; la plus extérieure, vulgairement appelée *écorce*, est composée elle-même de plusieurs parties parmi lesquelles ou remarque l'enveloppe cellulaire verte; c'est généralement dans celle-ci que réside toute la vitalité de l'écorce, aussi a-t-elle la propriété, lorsqu'elle est mise par une cause quelconque brusquement à la lumière, de donner naissance à un bourgeon adventice susceptible de se développer en rameau comme un bourgeon normal. Toutefois il n'y a production de rameau que si dans l'origine un bourgeon formé et non développé se trouve à l'état latent; on peut dans ce cas le faire développer en faisant une entaille dans le végétal au-dessus de ce bourgeon engourdi et jusqu'à l'enveloppe cellulaire verte pour y concentrer la séve ascendante ; les jeunes rejets des souches des arbres ne sont que les pousses des bourgeons adventices dont la coupe de l'arbre a déterminé la sortie; les drageons ont la même origine.

Il nous reste à parler maintenant de la séve et du mécanisme de la circulation végétale; nous nous efforcerons de le faire aussi le plus clairement et le plus brièvement possible, et seulement en vue d'éclairer la pratique de l'arboriculture et de la viticulture.

DE LA SÉVE

La séve est aux végétaux ce que le sang est aux animaux; la plus grande analogie existe en effet entre ces deux liquides nourriciers, leurs rôles sont les mêmes, leur marche est semblable, leur composition seule diffère.

Comme le sang, la séve a besoin de subir le contact de l'air, mais son action sur l'atmosphère est inverse; le sang prend à l'air ambiant de l'oxygène et lui restitue du carbone en excès; la séve, au contraire, y puise du carbone sous forme d'acide carbonique et le remplace par de l'oxygène; étudions donc les résultats de l'acte de la respiration dans les végétaux.

On a dû induire de ce qui précède qu'il y a deux

sortes de séve, comme il y a le sang artériel et le sang veineux.

On distingue en effet la *séve ascendante* et la *séve descendante* : la première se dirigeant vers les feuilles pour y respirer au contact de l'air, la seconde se répandant dans le végétal pour le nourrir après avoir reçu de l'air ce qui lui manquait pour nourrir ce végétal.

Une circonstance caractéristique différencie la respiration animale de la respiration végétale; c'est que celle-ci ne peut avoir lieu qu'à la lumière, comme nous l'avons dit en parlant des tissus végétaux à propos des transformations des principes organiques les uns dans les autres. Ce n'est pas à dire qu'aucun végétal ne puisse naître et se développer quelque temps à une lumière très-faible ou même nulle; cela dépend évidemment du tempérament du sujet; mais en tous cas, le résultat final de la respiration change; l'oxygène et l'hydrogène de l'air sont absorbés au lieu d'être rejetés; le carbone au contraire est rendu libre, on a alors des plantes étiolées, essentiellement aqueuses et sans consistance, comme, par exemple, les pousses hivernales des pommes de terre dans les caves; en un mot, on n'obtient pas dans ces cas de matière ligneuse; la plante n'a pas de bois.

La nécessité de la lumière étant admise pour l'élaboration de la séve, nous allons chercher par quel concours de circonstances ce liquide est mis en contact avec la lumière, et l'influence qu'en reçoit la séve ascendante.

Considérons les fonctions de cette séve :

La séve descendante est chargée de lignine, de fécule, de gomme, etc.; elle dépose la lignine dans tous les tissus du bois pour déterminer l'accroissement en volume de l'année, nous n'avons pas à nous en occuper; quant à la gomme et à la fécule, qui sont, comme nous l'avons dit, transformables en sucres solubles, elle en forme des dépôts à l'aisselle des feuilles, des branches et dans toute la tige, partout le végétal jusqu'à l'extrémité des racines.

Les choses sont dans cet état à la fin de l'automne et pendant tout l'hiver; au commencement du printemps, lorsque la chaleur commence à se faire sentir, la fécule qui se trouvait dans le chevelu des radicelles éprouve une légère fermentation qui la décompose en la liquéfiant.

Or, en vertu de la force d'endosmose (force physique qui tend à faire traverser à des liquides d'une certaine densité les membranes qui les séparent de liquides plus denses), le liquide sucré, résultat de cette fermentation, attire à lui l'humidité de la terre qui passe dans le végétal et diminue la densité des premiers sucs; mais ces deux actions, l'une chimique et l'autre purement physique, continuant à s'exercer, la dissolution sucrée et gommeuse qui en est le résultat immédiat ne tarde pas à arriver au sommet de l'arbre et à développer les bourgeons qui étaient formés depuis l'automne; dès lors, le végétal a des feuilles, il respire.

La séve cependant continue à monter par la force

d'endosmose, elle se répand dans les feuilles comme le sang artériel dans les poumons, abandonne à l'air une grande quantité de son eau et reçoit en échange du carbone; dans sa redescente elle introduit ce carbone dans la substance de l'arbre. Celui-ci s'en assimile une partie, et dépose l'autre sous forme combinée de fécule et de gomme pour rénouveler l'action vitale l'année suivante.

On comprend toutefois qu'il doit arriver un moment où toutes les substances solubles accumulées dans la plante sont dissoutes et entraînées dans la circulation; la séve alors devenant de plus en plus aqueuse, sa densité diminue constamment et bientôt la force d'endosmose ne peut plus s'exercer; la séve cependant monte encore, car les feuilles ne tombent pas; l'explication de ce phénomène se trouve dans la transpiration des feuilles dont nous avons dit quelques mots à propos des stomates.

Les parties vertes des plantes ont en effet la propriété de transpirer une grande quantité d'eau lorsque la séve arrive aux feuilles, celles-ci rejettent presque toute son eau pour ne garder que ses parties nutritives; il se forme du vide de proche en proche, l'eau monte de nouveau, la circulation de la séve n'est pas interrompue; l'expérience a prouvé que la transpiration était proportionnelle à la surface foliacée; la lumière encore est l'agent le plus actif de cette fonction, la chaleur et le défaut d'eau ont aussi une grande influence sur elle; mais l'eau peut être donnée aux végétaux par l'arrosage, au moins en petite culture; pour la lumière, elle est naturelle et indéfinie.

Les développements qui précèdent et le résumé que nous allons en tirer mettront, nous l'espérons, le lecteur à même de saisir toute l'importance de cette notice sur la circulation de la séve.

1° La plante, dans les circonstances ordinaires, croît régulièrement par les bourgeons normaux lorsqu'on la coupe; elle se reproduit souvent par la concentration de la séve, par des bourgeons normaux plus vigoureux et par des bourgeons adventices, mais toujours sous l'action de la lumière : de là nécessité pour la plante, pour la formation de la lignine qui est sa vie, d'être complétement débarrassée d'un couvert d'arbres plus élevés les uns que les autres.

2° La lignification, comme nous venons de le voir, ne se fait que sous l'action de l'air libre et par la séve descendante après son élaboration dans les feuilles; la séve est amenée au contact de l'air par la force d'endosmose d'abord, puis par la force de la transpiration ou capillarité. Or, la transpiration n'a lieu que sous l'action de la lumière. De là encore, nécessité pour le végétal de croître à l'air libre.

Ces notions élémentaires d'anatomie et de physiologie végétales, que nous avons cru devoir résumer, sont à notre avis de première nécessité pour les viticulteurs et arboriculteurs qui ont besoin de se rendre compte des résultats dus à l'action de la taille et des autres travaux qu'ils pratiquent sur la vigne et sur les arbres fruitiers.

TABLE

BIBLIOTHÈQUE IMPÉRIALE IMPR.

RÉGÉNÉRATION DE LA VIGNE

NOTIONS ET CONSIDÉRATIONS D'ANATOMIE ET DE PHYSIOLOGIE VÉGÉTALES

Evreux, A. Hérissey, imp. — 1165.

Auguste GOIN, Libraire-Editeur

LIBRAIRIE CENTRALE
D'AGRICULTURE ET DE JARDINAGE

(FONDÉE EN 1853)

RUE DES ÉCOLES, 82, PRÈS DU MUSÉE DE CLUNY

Anciennement QUAI DES GRANDS-AUGUSTINS, 41

CATALOGUE GÉNÉRAL

1er DÉCEMBRE 1865.

NOTA. — Tous les ouvrages composant le présent Catalogue sont expédiés *franco* sans augmentation des prix marqués, sur demande affranchie. — En outre de l'envoi *franco*, il sera fait 5 p. 100 de remise sur les commandes de 31 à 50 fr., et 10 p. 100 sur celle de 51 fr. et au delà. — *Sont exceptés de ces conditions les abonnements aux journaux, sur lesquels il n'est fait aucune réduction.* — Je me charge de fournir aux conditions détaillées ci-dessus les ouvrages de **Droit**, de **Littérature ancienne et moderne**, de **Médecine**, de **Sciences diverses**, etc. — Les demandeurs sont priés de joindre à leur commande un mandat de poste égal à la valeur des ouvrages demandés.

Bibliothèque de l'Agriculteur praticien.

Encouragée par S. Exc. le Ministre de l'agriculture.

Abeilles (*Culture des*), par l'abbé Floquet, 1 vol. in-18. 1 fr.

Abeilles. Leur éducation, par A. Espanet. In-18. 40 c.

Abeilles. — Le Guide du propriétaire d'abeilles, par l'abbé Collin, 3e édit. 1 vol. in-18 et 2 planches. 2 50

Agriculteur praticien (*L'*), *Revue de l'agriculture française et étrangère*, 12e année. Prix de l'abonnement. 6 fr.

Agriculture. Quelques observations pratiques, par Bodin. In-18. 15 c.

Alcoolisation générale (*Traité complet d'*). Guide du fabricant d'alcools, etc., etc., par N. Basset. 1 vol. in-18, 2e édit. 6 fr.

Almanach de l'Agriculteur praticien pour 1866. 10e année. 1 vol. In-18 avec de nombreuses fig. 50 c.

Les années 1857 à 1865, chaque. 50 c.

Amendements et Engrais (*Petit Traité des*), par P.-A. de Thier. 1 vol. in-18. (*Sous presse.*)

Analyse chimique appliquée à l'agriculture (*Notions élémentaires d'*), par Isidore Pierre. 1 vol. in-18 avec fig. 2 50

Approuvé par la Commission des bibliothèques scolaires.

Basse-Cour. — Poules, Oies, Canards, Pintades, Dindons, Pigeons, par le baron Peers, 2e édit. 1 vol. in-18 et planches. 1 75

Basse-Cour et Lapin. Traité complet de l'élève et de l'engraissement des animaux de basse-cour et du lapin, par Ysabeau. 1 vol. in-18. 75 c.

Bétail (*De l'alimentation du*) aux points de vue de la production, du travail, de la viande, de la graisse, de la laine, du lait et des engrais, par Isidore Pierre, 3e édition. 1 vol. in-18. 2 50

Bêtes bovines (*Traité des*), par Weckherlin. 1 vol. in-12. 3 50

Bêtes ovines (*Traité des*), par Weckherlin. 1 vol. in-12. 3 50

Bêtes ovines (*Des*) **et des Chèvres**, par Ysabeau. 1 vol. in-18. fig. 75 c.

Betterave. — Traité pratique de la culture et de l'alcoolisation de la betterave, par N. Basset. 1 vol. in-18, 2e éd. 2 fr.

Céréales. — Etudes comparées sur la culture des céréales, des plantes fourragères et des plantes industrielles, par I. Pierre. 1 vol. in-18. 2 50

Chaux, Marne et Calcaires coquilliers. Leur emploi pour l'amendement du sol, par Isidore Pierre. In-18. 2e édition. 50 c

Comptabilité agricole. — Notions pratiques sur la comptabilité agricole en partie simple et en partie double, à l'usage des cultivateurs, des fermiers, des propriétaires, etc., par J. Schneider. In-18. 1 fr

Cultivateur anglais (*Le*), Théorie et pratique de l'agriculture, par Murphy, trad. de l'angl. sur la 5e édit. par Sanrey. In-18. Fig. 1 5

Culture progressive. — La Fortune par la Culture progressive bénéfice net 15 à 20 p. 100 du capital d'exploitation, par de Trimond 1 vol. in-18. 1 2

Dindons et Pintades, par Mariot-Didieux. 1 vol. in-18. 75

Drainage. L'Art de tracer et d'établir les drains, par Grandvoinnet 1 vol. in-18 avec 160 figures. 3 f

Drainage. Résumé d'un cours pour les cultivateurs, par Hernoux, ingénieur. In-18, fig. 1 f

Drainage. — Traité de Drainage, ou essai théorique et pratique sur l'assainissement des terrains humides, par J. Leclerc, 3e édit. 1 vol in-18 orné de 130 fig. 3

Engrais de commerce. — Guide pratique du cultivateur pour choix, l'achat et l'emploi des engrais de commerce. Origine, compos tion, valeur, effets, durée, modes d'emploi, prix, garanties, recours en cas de fraude, etc., par A. DUDOUY. 1 vol. in-18 avec fig. 2 50

Engrais en général (*Des*), suivi de la manière de traiter les matières fécales, par GREFF. 2e éd. in-18. Fig. 50 c.

Engrais et Amendements; *Fumiers de ferme et Composts*, par FOUQUET, 2e édit. 2 vol. in-18. 2 50

Fourrages. — Recherches sur la valeur nutritive des fourrages, par Isidore PIERRE. 1 vol. in-18, 3e édit. 2 50

Fumier. — Plâtrage et sulfatage du fumier et désinfection des vidanges, par Isidore PIERRE. In-18. 2e édit. 50 c.

Fumier de ferme (*Le*) élevé à sa plus haute puissance de fertilisaion et n'étant plus insalubre, par QUENARD. In-18, 2e édit. 1 25

Guano du Pérou (*Le*), comp., falsif., emploi et effets de cet engr. 30 c.

Instruments aratoires (*Des*) **et des travaux des champs**, par YSABEAU. 1 vol. in-18, fig. 75 c.

Irrigation (*Manuel d'*), par DEBY. In-18 avec 100 fig. 1 50

Irrigations (*Petit Traité des*), par James DONALD, traduit par A. DE FRARIÈRE. In-18 avec fig. 50 c.

Lapin domestique (*Traité pratique de l'éducation du*), par le F. Alexis ESPANET, 4e édit. 1 vol. in-18 avec figures. 1 fr.

Laiterie. — Notions pratiques sur l'art de faire le beurre et de fabriquer les fromages, etc., par A. DE THIER. 1 vol. in-18 avec fig. 75 c.

Laiterie. — La laiterie. Art de traiter le laitage, de faire le beurre et de fabriquer les diverses espèces de fromages. 1 vol. in-18 avec fig. (*Sous presse.*)

Maïs (*Du*), de sa culture et des divers emplois dont il est susceptible, par KEENE et A. DE THIER. In-18. (2e *édition sous presse.*)

Maïs (*Alcoolisation des tiges du*) et du **Sorgho sucré**. ALCOOL. — CIDRE. — BIÈRE. — VINS ARTIFICIELS, par DURET, chimiste. In-18. 75 c.

Médecine vétérinaire. — Manuel de médecine vétérinaire, par VERHEYEN, DEFAYS et HUSSON. 1 vol. in-18. 2 50

Pigeons de colombier et de volière (*Guide de l'éleveur de*), par MARIOT-DIDIEUX. In-18. 75 c.

Pigeons (*De l'éducation des*), **Oiseaux** de luxe, de volière et de cage, par A. ESPANET. 2e édit. 1 vol. in-18 avec figures. 1 fr.

Plantes fourragères (*Traité pratique de la culture des*), par DE THIER. 2e édit. revue et augmentée par A. LEROY. 1 vol. in-18. 1 fr.

Porcs (*Du traitement des*) aux différentes époques de l'année. Extrait des meilleurs ouvrages anglais, par J. A. G. In-18 avec 32 fig. 1 25

Porcheries (*De l'établissement des*), dispositions diverses, construction, par J. GRANDVOINNET. 1 vol. in-18 avec 95 fig. dans le texte. 2 50

Poules (*De l'éducation des*), **Dindes, Oies** et **Canards**, par le F. Alexis ESPANET. 1 vol. in-18. 1 fr.

Races bovines (*De l'amélioration des*) en France, et particulièrement dans les départements de l'Est, par SAINT-FERJEUX. 2e édit. 1 fr.

Récoltes dérobées (*Des*), comme fourrages et engrais verts, et culture de la ***Moutarde blanche***, trad. de l'angl. par J. A. G. in-18 fig. 75 c.

Sang de rate des animaux d'espèces ovine et bovine, par Isidore PIERRE. In-18. 1 fr.

Semailles en ligne (*Des*) **et des Semoirs mécaniques**, par F. GEORGES. In-8. (Extrait de l'*Agriculteur praticien.*) 50 c.

Sorgho à sucre (*Guide du distillateur du*), par F. BOURDAIS. In-18. 1 fr.

Stabulation (*De la*) **de l'espèce bovine**, p. le bar. PEERS. 1 v. in-18. 1 25

Topinambour. — Culture, alcoolisation et panification de ce tubercule, par DELBETZ. 1 vol. in-18. 1 25

Végétaux (*De la nutrition des*) considérée dans ses rapports avec les assolements, par le baron DE BABO. 1 vol. in-18. 1 fr.

Vers à soie (*Guide de l'éleveur de*), par MM. GUÉRIN-MÉNEVILLE et Eugène ROBERT. 1 vol. in-18 avec figures. 75 c.

Vigne (*Nouvelle Culture de la*) en plein champ, sans échalas ni attaches, par TROUILLET. 4e édit. in-18 avec 15 gravures. 2 50

Vigne (*Régénération de la*) par une nouvelle plantation, par E. TROUILLET. 2e édition. In-18. 75 c.

Vin. Traité de la fabrication du vin, de son gouvernement et de sa conservation, par Louis TAVERNIER, rédacteur en chef du ***Moniteur vinicole***. 1 vol. in-18. 2 50

Vinification. — Traité pratique de vinification, par E. RAY. 2e édit. 1 vol. in-18. 1 25

Visite à un véritable agriculteur praticien, par DURAND-SAVOYAT, propriétaire-cultivateur. 1 vol. in-18. 1 25

Abeilles.—Agriculture.—Amendements.—Bois.—Economie rurale.—Fumiers.—Oiseaux de basse-cour, etc.

Abeilles (*De l'Asphyxie momentanée des*) et des moyens de la pratiquer, ses avantages et ses inconvénients, par HAMET. In-18 orné de 10 fig. 50 c.

Abeille (*L'*) **italienne des Alpes**. Exposé sur l'art d'élever les reines italiennes de pure race, de les centupler en peu de mois, et de transformer en ruches italiennes les ruches communes, par HERMANN. In-18. 1 fr.

Agriculture. — Les lois naturelles de l'agriculture, par J. LIEBIG. 2 vol in-8o. 10 fr.

Agriculture moderne (*Lettres sur l'*), par J. LIEBIG. 1 vol. in-18. 3 50

Agriculture (*Traité d'*), publié sur le manuscrit de l'auteur, par DE MEIXMORON DE DOMBASLE, 5 vol. in-8. 30 fr.

Agriculture élémentaire, théorique et pratique, par LAGRUE. 6e édit. 1 vol. in-18 cartonné avec grav. 1 25

Agriculture pratique. — Cours d'agriculture pratique professé à Orléans, en 1862, 1863 et 1864, par M. GAUCHERON et rédigé par M. COTELLE. 3 vol. in-12. 3 fr.

Agriculture pratique et raisonnée, par John SINCLAIR, traduit de l'anglais par MATHIEU DE DOMBASLE, 1825. 2 vol. in-8o accompagnés de 9 planches. (Exemplaires reliés et brochés.) 15 fr.

Agriculture primaire, ou *Livre de lecture courante à l'usage des Écoles rurales*, par HALLEZ D'ARROS. 5e édit. 1 vol. petit in-18 orné de figures dans le texte. 60 c.

Cet ouvrage est approuvé par le conseil impérial de l'instruction publique.

Agriculture rationnelle. — Principes d'agriculture rationnelle, par J.-C. CRUSSARD. 1 fort vol. in-8o. 8 fr.

Agriculture romaine. — Fragments d'études sur l'agriculture romaine (extraits des auteurs latins), par Isidore PIERRE. 1 vol. in-18. 1 50

Agronomie. — Recherches théoriques et pratiques sur divers sujets d'agronomie et de chimie appliquée à l'agriculture, par Isidore PIERRE. 2 vol. in-8o. 8 fr.

Le tome 1er contient : Fragments d'études sur l'état de la science des engrais et des amendements chez les anciens Romains. — Analyse des tourteaux de quelques graines oléagineuses. — Recherches expérimentales sur le poids des blés mouillés. — Etudes sur le colza, etc., etc.

Le tome 2 contient : Fragments d'études sur l'ancienne agriculture romaine. — Recherches expérimentales sur le poids de la graine de colza qui a été mouillée. — Recherches expérimentales sur le développement du blé.
Chaque volume se vend séparément.

Agronomie, Chimie agricole et Physiologie, par BOUSSINGAULT, 2e édit. 3 vol. in-8° accompagnés de 6 planches. 15 fr.

Amendements (*Traité des*). Marne, chaux, diverses espèces d'amendements, par PUVIS, 2e édit. 1 vol. in-12. 3 50

Ampélographie universelle, ou *Traité des cépages* les plus estimés, par ODART, 5e édit. 1 vol. in-8°. 7 50

Animaux domestiques, par LEFOUR. 1 vol. in-18 et fig. 1 25

Animaux (*Recherches expérimentales sur l'alimentation et la respiration des*), par J. ALLIBERT. In-8. 1 50

Apiculture (*Cours pratique d'*), professé au jardin du Luxembourg par HAMET. 2e édit. 1 vol. in-18 orné de 100 fig. 3 fr.

Apiculture. — Mémoire à l'aide duquel une personne seule peut cultiver en toute saison 300 ruchées, les multiplier de bonne heure sans perte d'essaims et sans nuire au couvain des souches; les réduire de même; obtenir une majeure partie de leurs produits en corbillons de miel de choix, etc., par Prosper GRANDGEORGE. In-18 de 88 pages. 2 fr.

Apiculture. — Pratique complète d'apiculture rationnelle et profitable avec la ruche bretonne ordinaire et en paille, par un ancien président de comice du Finistère. 1 vol. petit in-18. 50 c.

Apiculture perfectionnée, ou Théorie et application pratique de la direction des rayons, par J. GRESLOT. 1 vol. in-12 avec planches. 1 fr.

Arbres (*Physique des*), ou Traité de leur anatomie et de l'économie végétale, par DUHAMEL DU MONCEAU. 2 vol. in-4, fig. (*D'occasion.*) 20 fr.

Arbres et Arbustes (*Traité des*) qui se cultivent en France en pleine terre, par DUHAMEL DU MONCEAU. 2 vol. in-4, fig. (*D'occasion.*) 25 fr.

Arbres et leur culture (*Semis et plantations des*), par DUHAMEL DU MONCEAU. 1 vol. in-4, fig. (*D'occasion.*) 12 fr.

Atmosphère (*L'*) est un engrais complet, par le docteur SCHNEIDER. In 8°. 60 c.

Atmosphère, Sol, Engrais, par BOBIERRE. 1 gros vol. in-18. 5 fr.

Basse-Cour (*Manuel de la fille de*), contenant des instructions pour élever, nourrir, engraisser tous les animaux de la basse-cour, etc., par MALÉZIEUX. 1 vol. in-18, orné de 38 planches. 3 fr.

Basse-Cour, Pigeons et Lapins, par Mme MILLET. 4e édit. fig 1 25

Bétail. — Économie du bétail, par SANSON. 1 vol. in-18 orné de 59 fig. 3 50

Bêtes bovines (*L'éleveur de*), par VILLEROY. in-18 et fig. 1 25

Betteraves. Production agricole et richesse saccharine des betteraves ensemencées à différentes époques, par MARCHAND. in-8. 1 50

Bœuf. Engraiss. du bœuf, par VIAL. 1 vol. in-18 orné de 12 fig. 1 25

Bois (*De l'Exploitation des*), par DUHAMEL DU MONCEAU. 2 vol. in-4, fig. (*D'occasion.*) 25 fr.

Bois (*Du transport, de la conservation et de la force des*), par DUHAMEL DU MONCEAU. 1 vol in-4, fig. (*D'occasion.*) 8 fr.

Bois (*Traité du cubage des*), ou Tarifs pour cuber les bois carrés ou de charp., les bois en grume au 5e et au 6e réduit, par GUSSOT. In-8, 4e éd. 1 25

Bois en grume (*Tarif métrique pour la réduction des*) en bois équarris, mesurés de 3 en 3 centim., etc., par FOUCHARD. In-18. 2 50

Bon fermier (*Le*). Aide-mémoire du cultivateur, par BARRAL. 2e édit. 1861-62. 1 vol. in-18 orné de 230 grav. 7 fr.

Calendrier apicole. — Almanach des Cultivateurs d'abeilles pour 1865, par MM. HAMET et COLLIN. In-18 orné de 14 fig. 50 c.

Calendrier du bon Cultivateur, par Mathieu de Dombasle, 10e édit. 1 vol. in-12 avec planches. 4 75

Cailles, Faisans et Perdrix. (*Voir* page 16.)

Canards. (Voir *l'Education des poules*, de F. Alexis Espanet, page 4.)

Causeries sur l'agriculture et l'horticulture, par P. Joigneaux. 1 vol. in-18 orné de 27 grav. 3 50

Cheval (*Achat du*), par Gayot. 1 vol. in-18 et fig. 1 25

Cheval. — Choix du cheval, ou description de tous les caractères à l'aide desquels on peut reconnaître l'aptitude des chevaux aux différents services, par J. Magne. 1 vol. in-18 orné de 21 fig. dans le texte. 2 fr.

Cheval, Ane et Mulet, par Lefour. 1 vol. in-18 et fig. 1 25

Chèvres. (*Voir* p. 3.)

Chimie agricole (*Petit Cours de*), à l'usage des écoles primaires, par F. Malaguti. 1 vol. in-18, fig. 1 25

Chimie agricole, ou l'agriculture considérée dans ses rapports avec la chimie, par Isidore Pierre, 3e édit. 1 vol. in-18 avec fig. 4 fr.

Chimie appliquée à l'agriculture. Précis des leçons professées depuis 1852 jusqu'à 1862, par Malaguti. 3 vol. in-18. 10 50

Chimie usuelle (*La*) appliquée à l'agriculture et aux arts, par Stockhardt, trad. de l'allemand sur la 11e édit. In-18, 225 grav. 4 50

Choux. — Les choux, culture et emploi, par P. Joigneaux. 1 vol. in-18 orné de 14 figures. 1 25

Comptabilité agricole, par Saintoin-Leroy, comprenant:

Mémorial de l'agriculteur, contenant les tableaux propres à recevoir les notes et renseignements indispensables à tous les fermiers ou propriétaires. 1 vol. in-4o oblong. 4 fr.

Livre de caisse, faisant suite au précédent. In-4o oblong. 2 50

Journal, registre en blanc, réglé et folioté. In-4o oblong. 2 50

Grand-Livre, registre en blanc, réglé et folioté. In-4o oblong. 3 fr.

Manuel de la comptabilité agricole pratique en partie simple et en partie double. 1 vol. grand in-8o avec tableaux. 3 fr.

Comptabilité simplifiée, agricole et commerciale, mise à la portée de la moyenne et de la petite culture. 1 vol. grand in-8o et tableaux. 2 fr.

Registre unique du Cultivateur, pour l'application de la comptabilité simplifiée. 1 vol. petit in-4o. 2 fr.

Mémorial-Caisse, ou Registre de la petite culture à l'usage de l'enseignement élémentaire de la comptabilité agricole dans les Écoles primaires. In-8o oblong. 1 25

Comptabilité et géométrie agricoles, par Lefour. in-18, fig. 1 25

Conseils aux agriculteurs sur les moyens de prévenir l'enflure des vaches, par Papin. In-18. 40 c

Constructions rurales (*Manuel des*), par Bona. 1 vol. in-18 orné de 200 fig. 3 50

Constructions rurales et mécanique agricole, par Lefour. in-18 fig. 1 25

Cours d'Economie agricole et de Culture usuelle, professé par M. Gaucheron. 1re partie: *Plantes fourragères*. 1 vol. in-18. 1 25

Cubage des bois en grume et équarris (*Tarif de poche* ou *Traité portatif du*), s'appliquant aux divers systèmes en usage; *vade-mecum* des agents forestiers, etc., par Hurtault-Bance. In-18. 80 c

Cubage des bois équarris (*Tarif métrique pour le*), etc., par Fouchard père. 1 vol. in-18. 4 fr

Culture améliorante (*Principes de*), par Lecouteux. 2e éd. in-18. 3 50

Culture générale et instrum. aratoires, par Lefour. in-18. fig. 1 25

Culture. — Traité des entreprises de grande culture, ou principes généraux d'économie rurale, par E. Lecouteux. 2 vol. in-8o. 15 fr

Dictionnaire d'Agriculture pratique, comprenant tout ce qui se rattache à la grande culture, à la chimie, à la mécanique agricole, à l'économie rurale, etc., par JOIGNEAUX et MOREAU, 2 gros vol. grand in-8° ornés de figures. 20 fr.

Dindes. (Voir l'*Education des Poules,* de F. Alexis ESPANET, page 4.)

Economie domestique, par Mme MILLET-ROBINET, 3e édit. 1 vol. in-18 orné de 77 figures. 1 25

Economie rurale, considérée dans ses rapports avec la chimie, la physique et la météorologie, par J.-N. BOUSSINGAULT. 2 v. in-8, 2e éd. 15 fr.

Egide du monde agricole, ou prévisions et conseils du plus haut intérêt pour les agriculteurs et les négociants en grains et farines, par DUCROTOY. 1 vol. in-8°. 3 fr.

Encyclopédie pratique de l'Agriculteur, publiée sous la direction de MM. MOLL et Eugène GAYOT. — Cet ouvrage sera complet en 15 ou 18 vol. Les tomes 1 à 10 sont en vente.

Prix de chaque volume avec de nombreuses figures dans le texte. 7 fr.

Engrais (*Des*), ou l'art d'améliorer les plus mauvaises terres par les amendements et les engrais de toute nature, par DUCOIN. 1 vol. in-18. 1 fr.

Engrais. — Du système de culture fondé sur l'emploi exclusif du fumier de ferme, et résumé de quelques notions et principes importants en matière d'engrais, de nutrition végétale et de culture, d'après les recherches et travaux de MM. LIEBIG, BOUSSINGAULT, MALAGUTI, BOBIERRE, etc., par DUMAY, 2e édition in-8°. 1 fr.

Engrais azotés (*Des*), par DE GASPARIN, extrait par GUEYMARD, avec un tableau comparatif de la puissance de 119 engrais. In-18. 25 c.

Engraissement (*Observations et conseils pratiques sur l'*) des veaux, des vaches et des bœufs, par FAVRE D'EVIRE. 1824, in-8. 75 c.

Entraînement. — Guide du sportsman ou Traité de l'Entraînement et des Courses de chevaux, par E. GAYOT. 1 vol. in-18, fig. 3 50

Essais gleucométriques faits en 1862 sur cent variétés de raisin, par le docteur FLEUROT. In-8. 1 fr.

Faisans, Cailles et Perdrix. (*Voir* page 16.)

Fécondation (*De la*) et de l'Eclosion artificielles des œufs de poisson et de l'éducation du frai, par GODENIER. In-8. 1 fr.

Fermage (*Estimation, plan d'amélioration, baux*), par DE GASPARIN. in-18. 1 25

Fermentation vineuse. Leçons sur la fermentation vineuse et sur la fabrication du vin, par BÉCHAMP. 1 vol. in-18. 2 50

Fours économiques à circulation d'air chaud, par A. CASTERMANN. 1 vol. grand in-8 avec 5 pl., 2e édit. Bruxelles. 2 50

Fosse (*La*) **à fumier**, par BOUSSINGAULT. In-8. 1 25

Fromage de Hollande. — Fabrication de fromage façon de Hollande, par LE SÉNÉCHAL, directeur de la vacherie impériale de Saint-Angeau. In-18 avec 20 fig. 50 c.

Fait partie de l'*Almanach de l'Agriculteur praticien* pour 1865.

Fumiers. Des fumiers et autres engrais animaux, par J. GIRARDIN, 6e édit. 1 vol. in-18 orné de 62 fig. 2 50

Gardes forestiers (*Guide pratique à l'usage des*), traitant des arbres et arbustes forestiers, de l'ensemencement des diverses espèces et de l'agriculture forestière, etc., etc., par VIDAL. 1 vol. in-8° et 4 lithog. 3 fr.

Guano. — Du guano des mers du Sud, avec une carte des îles Chincha, par G. CUZENT. In-8°. 1 fr.

Houblon, par ERATH. 1 vol in-18. fig. 1 25

Hygiène vétérinaire appliquée. Etude de nos races d'animaux domestiques, multiplication, élevage, par MAGNE, 2e édit. 2 vol. in-8°. 16 fr.

Il faut semer clair, ou Moyen de remédier à la disette des céréales, trad. de l'anglais de DAVIS, par DE THIER. In-18. 30 c.

Incubation (*De l'*) **artificielle**, par A. LEROY. In-18 avec 2 fig. 50 c.

Irrigation.—Traité pratique de l'Irrigation des Prairies, par J. KEELHOFF. 1 vol. in-8° et atlas de 11 pl. 9 fr.

Jardin du Cultivateur, par NAUDIN. 1 vol. in-18. 1 25

Jaugeages. — Recueil de procédés de jaugeages, depuis le volume d'une source jusqu'à celui de tous les cours d'eau, à l'usage de l'agriculture et de toutes les industries comme force motrice, par GUEYMARD. in-8°. 2 50

Laiterie, Beurre et Fromages, par Félix VILLEROY. 1 vol. in-18 orné de 59 figures. 3 50

Landes de Bretagne (*Mise en valeur des*) par le défrichement et par l'ensemencement en bois, par le général DE LOURMEL. In-8. 2 fr.

Lapin domestique (*Instruction élément. pour élever le*), in-18. 50

Fait partie de l'*Almanach de l'Agriculteur praticien*, 1861.

Livre de la Ferme (*Le*) et des Maisons de campagne, publié sous la direction de P. JOIGNEAUX. 2 vol. grand in-8° ornés de nombreuses fig. dans le texte. 32 fr.

Maison rustique des Dames, par Mme MILLET-ROBINET. 5e édit. 2 vol. in-18, ornés de 236 grav. 7 75

Maison rustique du XIXe siècle, publiée sous la direction de MM. BAILLY, BIXIO et MALEPEYRE. 5 vol. gr. in-8 ornés de 2,500 gr. 39 50

Matières fertilisantes, ***engrais solides, liquides, naturels et artificiels***, par Gustave HEUZÉ, 4e édit. 1 vol. in-8. 9 fr.

Médecine vétérinaire. — Notions usuelles, par SANSON. 1 vol. in-18 avec figures. 1 25

Métairies. — Manuel du propriétaire de métairies, par J. RIEFFEL. 1 vol. in-18. 3 50

Métayage. Contrat, effets, améliorations, par DE GASPARIN. 2e éd. in-18. 1 25

Mouches à miel (*Traité sur les*), suivi des procédés pour faire le miel et la cire, avec divers modèles de ruche, par BONNARDEL. In-8. 1 50

Mouton (*Le*), par LEFOUR. 1 vol. in-18 orné de 79 grav. 3 50

Noir animal (*Le*). Analyse, emploi, vente, par BOBIERRE. in-18. 1 25

Oies. (Voir *l'Education des poules* de F. Alexis ESPANET, page 4.)

Oie et Canard. Des moyens à employer pour les engraisser afin d'en tirer de meilleurs produits, par COMARMOND. In-8°. 1 fr.

Oiseaux domestiques. — Art de faire éclore et d'élever en toutes saisons des oiseaux domestiques de toute espèce, soit par le moyen de la chaleur du fumier, soit par le moyen de celle du feu ordinaire, par DE RÉAUMUR, Paris, 1749. 2 vol. in-12, reliés, ornés de 15 pl. 6 fr

Œuvres de Jacques Bujault, complétées et accompagnées de notes inédites par J. RIEFFEL et AYRAULT, 3e édit. 1 vol. grand in 8 orné de 33 grav. 6 fr

Pêche. *Voyez* **La chasse et la pêche**, *page* 16.

Pisciculture. Rapp. sur le repeupl. des cours d'eau et sur les travaux de piscic. de M. MILLET, suivi des *Etud. sur les fécondations artificielles des œufs de poisson*, par MM. DE QUATREFAGES et MILLET. In-8. 1 2

Pisciculture et culture des eaux, par P. JOIGNEAUX. 1 vol. in-18 orné de 61 figures. 3 5

Pisciculture. — Traité de Pisciculture. Multiplication artificielle des poissons, par J. KOLTZ. 1 vol. in-18 orné de 27 figures. 1 5

Plantes fourragères, par Gustave HEUZÉ, professeur d'agriculture Grignon, 3e édit. 1 vol. in-8 orné de 18 pl. col. et de 38 vign. 10 fr

Plantes fourragères (*Traité des*), par H. Lecoq. 2e édit. 1 vol. in-8o orné de 40 grav. 7 50

Plantes racines, par Ledocte. in-18. fig. 1 25

Poulailler (*Le*). Monographie des poules indigènes et exotiques, par Ch. Jacque. 2e édit. 1 vol. in-18, 117 grav. 3 50

Poules (*Des*), ou Réformation de la basse-cour, par Beaufort de Lamarre. In-8. 75 c.

Poules (*Education des*), par Beaufort de Lamarre, suivie du *Chaponnage et de l'Engraissement de la Volaille* dans le Maine et la Bresse. In-18. 25 c.

Poules et Œufs, par E. Gayot. 1 vol. in-18 orné de 38 fig. 1 25

Poules (*Maladies des*). Causes et traitement. Trad. de l'angl. In-18. (Fait partie de l'*Almanach de l'Agriculteur praticien, 1862.*) 50 c.

Prairies, par Demoor. in-18. fig. 1 25

Prairies artificielles. Des causes de diminution de leurs produits études sur les moyens de prévenir leur dégénérescence, par Isidore Pierre, mémoire couronné par la Société d'agric d'Orléans. 1 vol. in-18. 1 fr.

Races bovines, par Dampierre. 1 vol. in-18 fig. 1 25

Révolution agricole, ou moyen de faire des bénéfices en cultivant les terres, par V.-F. Lebeuf. 1 vol. petit in-18. 3 fr.

Ruches. — Les ruches de tous les systèmes, ou examen et description des ruches anciennes et modernes, avec 51 fig. dans le texte, par Buzairies, avec des notes par Hamet. In-8. 1 50

Ruche à espacements (*Notice sur la*, et sa culture, par Sauria. In-8o avec 3 planches et tableaux. 1 fr.

Sangsues (*De l'Elève et de la Multiplication des*), visite aux marais des environs de Bordeaux, par Quenard In-8. 75 c.

Sangsues (*Notice sur le marais à*) de Clairefontaine, par E. Soubeiran. In-8. 75 c.

Sarrasin (*Recherches analytiques sur le*), considéré comme substance alimentaire, par Isidore Pierre. In-8o. 1 25

Sol et Engrais, par Lefour. 1 vol. in-18. 1 25

Sorgho (*Composition chimique et extraction du sucre de la canne de*), par Paul Madinier. In-8. 60 c.

Sorgho à sucre (*Le*). Culture, récolte, emploi de la graine, extraction du jus sucré, distillation, etc., par Paul Madinier. In-8. 60 c.
(Extrait de l'*Agriculteur praticien.*)

Sorgho sucré (*Le*), sa culture comme plante fourragère et comme plante alcoolisable et saccharine, par Louis Hervé. In-8. 60 c.

Soufrage des vignes (*Instruction sur le*), par Le Canu. In-18. 50 c.

Tarif métrique pour la réduction des bois en grume et carrés, etc., par J.-F. Leclerc. In-8 3 fr.

Taupier (*L'Art du*), ou Méthode amusante et infaillible pour prendre les taupes, par Dralet. 16e édit. 1 vol. in-12, fig. 1 fr.

Travaux des champs, par Victor Borie. in-18 avec fig. 1 25

Truite. — De la pisciculture de la truite, par Comarmond. In-8. 1 50

Vaches laitières (*Traité des*) et de l'espèce bovine en général, par F. Guénon, 4e édit. 1 vol. in-8o, nombreuses fig. 6 fr.

Vaches laitières (*Abrégé du traité des*) par F. Guénon. 1 vol. in-18, nombreuses fig. 2 fr.

Vaches laitières (*Choix des*), par Magne. 1 vol. in-18. fig. 1 25

Vache laitière (*Traité spécial de la*) et de l'élève du bétail, par Collot, 2e édit. 1 vol. in-8o et planches. 6 fr.

Vers à soie (*Conseils aux nouveaux éducateurs de*), par F. de Boullenois, 2e édit. 1 vol. in-8o. 3 50

Vigne. — Résumé des opérations à suivre pendant le cours de la végétation de la vigne et étude de la rupture des bourgeons à l'état herbacé, par E. TROUILLET. Tableau in-folio, fig. et texte. 50 c.

Vigne (*Culture de la*) **et vinification**, par J. GUYOT. 1 vol. in-18. Fig. dans le texte. 3 50

Vigne — Le quatrième livre du *Rustican de Pierre Crescenzi*, consacré à la vigne, à sa culture et à l'étude de son produit. In-8. 2 fr.
Traduct. d'une partie d'un ouvrage publié pour la première fois en 1471.

Vigne, par CARRIÈRE. 1 vol. in-18 orné de 120 fig. dans le texte. 3 50

Vigne (*Nouveau mode de culture et d'échalassement de la*), applicable à tous les vignobles où l'on cultive les vignes basses, par T. COLLIGNON. 1 vol. in-8 avec 3 pl. 3 fr.

Vigneron. — Guide pratique du Vigneron, par FLEURY-LACOSTE. In-8° de 32 pages. 40 c.

Vigneron (*Manuel du*). Exposé des divers procédés de culture de la vigne et de vinification, par ODART. 3e édit. 1 vol. in-18. 4 50

Vignes rouges et vins rouges en Maine-et-Loire, par GUILLORY aîné. 1 vol. in-8 avec pl. 2 50

Vignoble de l'Orléanais. — Conférences par le docteur GUYOT. In-8° de 32 pages. 30 c.

Vignobles. — Culture perfectionnée et moins coûteuse des vignobles, par A. DUBREUIL. 1 vol. in-18, orné de 144 fig. dans le texte. 3 50

Vin. — L'art de faire le vin, par LADREY. 2e édit. 1 vol. in-18. 3 fr.

Vins. — Traité pratique sur les vins, par H. MACHARD. 4e édit. 1 vol. in-18. 3 50

Viticulture. Etudes comparées sur la viticulture, par PISTOR-PAILLET. In-12. 75 c.

Bibliothèque de l'Horticulteur praticien.

Encouragée par S. Exc. le Ministre de l'agriculture.

Almanach du Jardinier-Fleuriste pour 1866, suivi de notes sur le jardin potager, 13e année. 1 vol. in-18 avec fig. dans le texte. 50 c.
Les années 1859, 1860, 1861, 1863 et 1864, chaque 50 c.

Arboriculture (*L'*) **des Écoles primaires**, ou Notions d'arboriculture fruitière mises à la portée des enfants, par J. BRÉMOND. 2e édit., 1 vol. in-18 et atlas. 1 50
Ouvrage approuvé par la Commission des bibliothèques scolaires.

Arboriculture (*Notions préliminaires d'*) à la portée de tout le monde. Conseils pratiques, par E. TROUILLET. 2e édit. In-18 orné de 21 fig. 1 fr.

Arbres fruitiers (*Des*) **et de la Vigne**, par YSABEAU. 1 vol. in-18. 75 c.

Arbres fruitiers et de la Vigne (*Nouvelle Méthode de taille des*), par PICOT-AMETTE. 3e édit. 1 vol. in-18 orné de 37 grav. dans le texte. 1 50

Arbres fruitiers (*Instructions élémentaires sur la taille des*), par LACHAUME. 1 vol. in-18 orné de 20 fig. 1 fr.

Arbres fruitiers (*Les*). Manuel populaire de culture, multiplication et taille, par P. JOIGNEAUX. 1 vol. in-18 orné de 111 grav. 2 50

Arbres fruitiers. Manuel théorique et pratique de la culture forcée des arbres fruitiers, par PYNAERT. 1 vol. in-18 orné de 12 fig. 5 fr.
Cet ouvrage a été couronné par la Société impériale d'horticulture de Paris.

Asperges (*Instructions pratiques sur la plantation des*), par BOSSIN. 2e édition. 1 vol. in-18. 75 c

Bouturer, greffer, marcotter et semer (*Guide pour*) les plantes d'ornement, annuelles ou vivaces, arbres et arbustes, extrait en partie du JARDIN FLEURISTE, par Ch. LEMAIRE et LEQUIEN. in-18 orné de 35 fig. 1 fr

Champignons (*Culture des*), avec l'indication d'une nouvelle méthode pour en obtenir en tous lieux par l'emploi de la mousse, suivi d'une nomenclature des champignons comestibles et vénéneux, par SALLE, 2e édit. 1 vol. in-18, fig. dans le texte. 1 fr.

Chrysanthème de l'Inde (*Culture du*), suivie de la description de 250 variétés, par BERNIEAU. 1 vol. in-18. (*Sous presse.*)

Fuchsia (*Histoire et Culture du*), suivies de la description de 540 espèces et variétés, par F. PORCHER. 1 vol. in-18. 3e édit. 2 fr. 25

Fraises. — Les Bonnes Fraises. Manière de les cultiver pour les avoir au maximum de beauté, suivi d'un calendrier des travaux à faire pendant les douze mois de l'année, par F. GLOEDE. 1 vol. in-18 orné de fig. 2 fr.

Greffe. — Traité de la greffe des arbres fruitiers et spécialement de la greffe des boutons à fruit, par l'abbé DUPUY. 1 vol. in-18 avec 24 pl. lithographiées. 2 50

Jardin Fleuriste (*Le*), ou Instructions pour la culture des plantes d'ornement, annuelles ou vivaces, arbres et arbustes, oignons à fleurs, etc., par Ch. LEMAIRE et LEQUIEN. 2e édit. 1 vol. in-18 orné de 31 figures. 3 50

Melons (*Culture des*). Méthode simple et précise pour obtenir les melons d'une grosseur extraordinaire, etc., par DUFOUR DE VILLEROSE. 2e édit. 1 vol. in-18 orné de 5 grav. 1 fr.

Plantes à feuilles ornementales en pleine terre (*Les*). Botanique et culture, par le comte Léonce DE LAMBERTYE. 2 vol. in-18 orné de fig. 2 fr.

1re partie. — **Solanum.** 1 vol. in-18 avec fig. et tableau.

2e partie. — **Canna, Caladium, Musa, Gynerium, Wigandia,** etc. 1 vol. in-18 avec fig. et tableau.

Plantes molles de pleine terre : *Pétunia, Géranium, Pensée, Verveine, Héliotrope.* Culture pratique par le vicomte F. DU BUYSSON. in-18, fig. 1 fr.

Pêcher. — Instructions pratiques sur la culture du pêcher, par LASNIER. In-18. 50 c.

Poirier. — Culture du poirier, comprenant la plantation, la taille, la mise à fruit et la description abrégée des cent meilleures poires, par Ch. BALTET. 3e édit. des *Bonnes Poires*, 1 vol. in-18. 1 fr.

Fruits et légumes de primeur (*Traité général de la culture forcée par le thermosiphon des*), par le comte LÉONCE DE LAMBERTYE.

Cet ouvrage sera publié en six livraisons de 48 pages in-8o.

Prix de chaque livraison. 1 25

Les livraisons seront ainsi composées :

Melon et Concombre, 1 livr. ; — **Ananas.** 1 livr. ; — **Vigne,** 1 livr. ; — **Fraisier,** 1 livr. ; — **Groseillier, Framboisier, Figuier,** 1 livr. ; — **Pêcher, Prunier, Cerisier, Abricotier,** 1 livr. ; — **Tomates, Haricots,** 1 livr.

Les livraisons **Fraisier, Vigne, Melon et Concombre** *sont parues.*

Des rapports très-favorables de cet ouvrage ont déjà été faits par la *Société impériale d'Horticulture de Paris* et par un grand nombre de Sociétés les plus importantes des départements.

Arbres fruitiers, Botanique, Culture potagère, Jardinage.

Annuaire horticole pour 1865, contenant les adresses des principaux horticulteurs, pépiniéristes et grainiers de l'Europe, avec l'indication de la spécialité de leurs cultures, etc., par INGELREST. In-12. 1 50

Arboriculture (*L'*) **fruitière en 26 leçons**, par GRESSENT. 3e édit. 1 vol. in-18 avec fig. dans le texte. 6 fr.

Arboriculture (*Cours d'*), par DUBREUIL. 5e édit. 2 vol. in-18. 12 fr.

Arboriculture. Leçons élémentaires, théoriques et pratiques d'arboriculture, par GRESSENT. in-18. 1 50

Arbres et arbustes rustiques (*Traité des*) en Belgique, par de PIERPONT, 1 vol. in-18. 3 50

Arbres fruitiers. — Le pincement court ou méthode de direction des arbres, et notamment du pêcher, par GRIN aîné. In-8 et 5 pl. 1 50

Arbres fruitiers (*Instruction élémentaire sur la conduite des*), par DUBREUIL. 5e édit. 1 vol. in-18, fig. 2 50

Arbres fruitiers (*Tableau de la conduite et de la taille des*), avec texte explicatif, par l'abbé DUPUY. In-plano. 2 fr.

Arbres fruitiers. Taille et mise à fruit, par PUVIS. 1 vol. in-18. 1 25

Arbres fruitiers (*Taille raisonnée des*), par J.-A. HARDY. 5e édit. 1 vol. in-8 avec figures. 5 50

Arbres fruitiers. — Traité de la culture des arbres fruitiers, contenant une nouvelle méthode de les tailler, avec une méthode particulière de guérir les maladies qui attaquent les arbres fruitiers, par FORSYTH, 2e édit., 1805. 1 vol. in-8o orné de 13 pl. (Exempl. broch. ou rel.) 5 50

Arbres fruitiers (*Traité des*), contenant leur figure, leur description, leur culture, etc., par DUHAMEL DU MONCEAU, 1768. 2 vol. grand in-4o reliés, ornés de 181 planches gravées. 45 fr.

Asperges. Culture en plein air, par LHÉRAULT-SALBOEUF, in-18. 50 c.

Asperges. Les asperges, les fraises et les figues, par LEBEUF, 2e édit., 1 vol. in-18. 1 50

Asperges (*Culture des*), par LOISEL. 1 vol. in-12. 1 25

Bon Jardinier (*Le*) pour 1866, par POITEAU, VILMORIN, DECAISNE, NEUMANN, PEPIN. 1 vol. in-12. 7 fr.

Bon Jardinier (*Figures de l'Almanach du*), par DECAISNE, 21e éd., 632 grav. et 45 pl. 1 vol. in-12. 7 fr.

Botanique populaire, contenant l'histoire de toutes les parties des plantes, par H. LECOQ. 1 vol. in-18 orné de 215 grav. 3 50

Botaniste (*Petit Manuel du*) et de l'Herboriste, suivi de principes de médecine, de pharmacie, etc. 2e éd. 1 vol. in-12. 1 75

Boutures. (*Voir le* **Jardin fleuriste**, page 11.)

Cactées. — Monographie de la famille des cactées, suivie d'un traité complet de culture, etc., par LABOURET. 1 vol. in-18. 7 50

Catalogue descriptif et raisonné des arbres fruitiers et d'ornement pour 1863, par André LEROY. In-8. 1 fr.

Catalogue raisonné et précédé d'instr. sr la plant., la taille des arbres fruitiers, arbustes et rosiers cultivés chez JAMAIN et DURAND. In-4. 1 50

Champignons et Truffes, par RÉMY. in-18 avec 12 pl. color. 3 50

Chasselas (*Culture du*), à Thomery, par ROSE CHARMEUX. 1 vol. in-18 orné de 41 fig. 2 fr.

Concombre. — Culture forcée. *Voyez* **Melon**, page 11.

Conifères de pleine terre. Notice sur 86 variétés, par Paul DE MORTILLET. 2e édit. in-8. 1 50

Culture maraîchère de Paris, par MOREAU et DAVERNE. 2e éd. in-8. 5 fr.

Culture maraîchère, par COURTOIS-GÉRARD. 4e éd. 1 vol. in-18. 3 50

Culture maraîchère dans les petits jardins, par COURTOIS-GÉRARD. 4e édit. 1 vol. petit in-18 avec 15 grav. 1 fr.

Culture potagère (*Nouv. Traité de*), par JOIGNEAUX, 1 vol. in-18. 2 25

Encyclopédie horticole, par CARRIÈRE, 1 vol. in-18. 3 50

Fécondation naturelle et artificielle des végétaux (*De la*) et de l'hybridation, par H. LECOQ. 2e édit., 1 vol. in-8 orné de 106 grav. 7 50

Fleurs coloriées (*Album de*) annuelles et vivaces, par VILMORIN-ANDRIEUX. 12 planches sont en vente. Chaque planche avec texte. 4 fr.

Fleurs (*De la Culture des*) dans les appartements, sur les fenêtres et dans les petits jardins, par COURTOIS-GÉRARD. 4e édit. In-18. 1 fr.

Fleurs (*Instructions pour les semis de*) de pleine terre, par VILMORIN-ANDRIEUX. 4e édit. In-16. 75 c.

Flore élémentaire des jardins et des champs, avec des clefs analytiques conduisant promptement à la détermination des familles et des genres, et un vocabulaire des termes techniques, par LE MAOUT et DECAISNE. 2 vol. petit in-8. 9 fr.

Fraisier. — Sa culture forcée, par le comte DE LAMBERTYE. In-8. 1 25

Fraisier, sa botanique, son histoire, sa culture, par le comte LÉONCE DE LAMBERTYE. 1 vol. in-8. 5 fr.

Ouvrage honoré de la souscription de Son Exc. le ministre de l'agriculture et du commerce.

Couronné par les Sociétés d'hortic. de Bordeaux, Paris, Reims, Rouen, Tours, etc.

Fruits et Légumes de primeur (*Culture forcée des*). (*Voir* page 11.)

Graines et Fruits. — Des moyens de grossir les graines et les fruits, de doubler les fleurs et d'en varier à volonté les proportions et la forme, par Achille BARBIER. In-8. 1 fr.

Greffes diverses. (*Voir le* **Jardin fleuriste**, page 11.)

Horticulteur praticien (*L'*), Revue de l'horticulture française et étrangère, par MM. GALEOTTI, FUNCK, comte DE LAMBERTYE, MORREN, etc. 1858 à 1862. 5 vol. gr. in-8° orn. de 120 pl. col. et de grav. dans le texte. 40 fr.

Horticulture (*Entr. famil. sur l'*), par E.-A. CARRIÈRE. 1 vol. in-18. 3 50

Horticulture. Principes d'horticulture extraits des **Instructions pour les jardins fruitiers et potagers**, par DE LA QUINTINYE, avec notes sur les nouveaux modes de culture et de formes d'arbres fruitiers, etc., par Ch. MOREL. 1 vol. in-8° orné de 16 fig. dans le texte. 4 50

Jardin fleuriste (*Le*). Journal horticole et botanique, contenant l'histoire, la description et la culture des plantes les plus rares et les plus méritantes nouvellement introduites en Europe. Ouvrage complet en 4 gros vol. grand in-8° ornés de 432 planches coloriées et de fig. dans le texte. 50 fr.

Jardin fruitier. — L'Ecole du jardin fruitier, qui comprend l'origine des arbres fruitiers, le choix, la plantation, la transplantation des arbres; les pépinières, les greffes, la taille et les formes qu'on peut donner aux arbres fruitiers, etc., par DE LA BRETONNERIE, 1784 et autres dates. 2 vol. in-12 reliés ou brochés. 5 fr.

Jardin fruitier du Muséum, ou iconographie de toutes les espèces et variétés d'arbres fruitiers cultivés dans cet établissement, avec leur description, leur histoire, leur synonymie, etc., par J. DECAISNE. Cet ouvrage paraît par livraisons in-4° de 4 planches supérieurement gravées et coloriées avec texte. La 78e livr. vient de paraître. Prix de la livr. 5 fr.

Jardinage (*La pratique du*), par Roger SCHABOL. 2 vol. in-12 reliés. (*Rare et recherché.*) 6 fr.

Jardinage (*La théorie du*), par l'abbé Roger SCHABOL. 1 vol in-12 relié. (*Rare et recherché.*) 3 50

Jardinage (*Manuel de*), par COURTOIS-GÉRARD, 6e éd. 1 vol. in-18. 3 50

Jardinier amateur. — Petit dictionnaire manuel du jardinier amateur, par MOLÉRI. 1 vol. in-18. 2 50

Jardinier. — Le Nouv. Jardinier ill., par LAVALLÉE, NEUMANN, VERLOT, COURTOIS-GÉRARD, BUREL, etc. 1 vol. in-18 orné de 500 fig. dans le texte. 7 fr.

Jardinier des fenêtres, des appartements, etc, par RÉMY. 4e édit. 1 vol. in-18. 3 50

Jardinier fruitier (*Le*). Principes simplifiés de la taille des arbres fruitiers, par E. FORNEY. 2 vol. in-8. fig. 8 fr.

Jardinier multiplicateur (*Guide pratique du*), ou Art de propager les végétaux par semis, boutures, greffes, etc., par CARRIÈRE. In-18. 3 50

Jardinier paysagiste. — Guide pratique du jardinier paysagiste. Album de 24 plans coloriés sur la composition et l'ornementation des jardins d'agrément à l'usage des amateurs, propriétaires et architectes, par SIEBECK, avec introduction par NAUDIN. In-folio cart. 25 fr.

Jardinier solitaire (*Le*), ou Dialogues entre un curieux et un jardinier solitaire, contenant la méthode de faire et de cultiver un jardin fruitier et potager. etc., 1 vol. in-12 relié. (*Ancien et rare.*) 3 fr.

Jardins. — Manuel de l'amateur des jardins. Traité général d'horticulture, par DECAISNE et NAUDIN. 1re partie. 1 vol. in-8 orné de 203 fig. dans le texte. 7 50

Jardins (*Traité de la composition et de l'ornement des*), avec 161 pl. représentant, en plus de 600 fig., des plans de jardins, des machines pour élever les eaux, etc. 6e édit. 2 vol. in-4 oblong. 25 fr.

Jardin d'agrément. — Tracé et ornementation, par BONA, 3e édit. 1 vol. in-18 orné de 238 fig. 2 50

Jardin potager (*L'École du*), qui comprend la description des plantes potagères, les qualités de terre et les climats qui leur sont propres, etc.; la manière de dresser et conduire les couches, et d'élever des champignons en toutes saisons, par DE COMBLES. 2 vol. in-12 reliés. (*Rare.*) 6 fr.

Légumes coloriés (*Album de*), par VILMORIN-ANDRIEUX. 13 planches sont en vente. Chaque planche se vend séparément. 3 fr.

Légumes et Fruits, par JOIGNEAUX. 1 vol. in-18. 1 25

Maladies des arbres fruitiers. Moyen très-simple de les prévenir et de les guérir, par LAHAYE. 1re partie : *Arbres à pepins.* In-8°. 1 50

Melons (*Traité complet de la culture des*), par LOISEL. 3e éd. 1 25

Melon et Concombre. — Leur culture forcée, par le comte DE LAMBERTYE. In-8°. 1 25

Œillets (*Culture des*), par RAGONOT-GODEFROY. In-12, fig. 2e éd. 1 25

Oignons à fleurs coloriés (*Album d'*), par VILMORIN-ANDRIEUX. 4 livraisons sont en vente. Chaque planche se vend séparément. 4 fr.

Orchidées (*Culture des*). Instructions sur leur récolte, expédition et mise en végétation, par MOREL, 1 vol. in-8°. 5 fr.

Parcs et Jardins. — Prix de règlement ou tarif des travaux de jardinage, de plantations, d'exploitat. des forêts, etc., par LECOQ. Gr. in-8. 3 fr.

Pêchers (*Traité de la culture des*), par DE COMBLES. 1 vol. in-12. (*Ouvrage ancien et rare.*) 3 fr.

Pêcher en espalier carré (*Pratique raisonnée de la taille du*), par Al. LEPÈRE. 5e édit. 1 vol. in-8 avec 8 planches. 4 fr.

Pelargonium, par THIBAULT. 1 vol. in-18. 1 25

Pensée (*La*), la **Violette**, l'**Auricule** ou Oreille-d'Ours, la **Primevère**. Histoire et culture, par RAGONOT-GODEFROY. in-18, fig. col. 2 fr.

Pépinières, par CARRIÈRE. 1 vol. in-18. 1 25

Plantes, Arbres et Arbustes (*Manuel général des*). Description et culture de 25,000 plantes indigènes d'Europe ou cultivées dans les serres; par MM. HÉRINCQ et JACQUES, pour les trois premiers volumes, et DUCHARTRE, pour le 4e volume. 4 vol. petit in-8 à 2 colonnes. 36 fr.

Plantes de serre froide, par DE PUYDT. 1 vol. in-18. 1 25

Plantes de terre de bruyère. — Description, histoire et culture des rhododendrons, azalées, camellias, bruyères, épacris, etc., par E. ANDRÉ. 1 vol. in-18 orné de 30 fig. 3 50

Poires. — Quarante poires pour les dix mois de juillet à mai. — Monographie divisée en quatre séries de dix poires, dont la maturation s'effectue pendant chacun des mois de juillet à mai, etc., par P. DE MORTILLET, 2e édit. 1 vol. in-8 avec 40 fig. au trait de grandeur naturelle. 3 50

Poirier (*Taille du*) **et du Pommier** en fuseau, par Choppin. 1 vol. in-8, fig., 3e édition. 3 fr.

Potager moderne (*Le*). Traité complet de la culture des légumes, par Gressent. 1 vol. in-18. 6 fr.

Reine-Marguerite (*Culture de la*), par Malingre. In-18. 30 c.

Rose (*La*), histoire, culture, poésie, par P.-L.-A. Loiseleur-Deslongchamps. 1 vol. in-12, fig. 3 50

Rose (*La*) chez les différents peuples, anciens et modernes ; description, culture et propriété des Roses, par Chesnel, 1838. 1 vol. petit in-18. 1 25

Rosier (*De la Culture du*), avec quelques vues sur d'autres arbres et arbustes, par le comte Lelieur, 1811. 1 vol. in-12. 1 25

Rosier. — La taille du rosier, sa culture, ses belles variétés, par E. Forney. 1 vol. in-18 orné de 52 fig. 2 fr.

Rosier, culture, multiplication. *Voir le* **Jardin fleuriste.**

Rosier, Violette, Pensée, etc., par Marx-Lepelletier. 1 vol. in-18. 1 25

Serres (*Art de construire et de gouverner les*), par Neumann, 2e éd. 1 vol. in-4 avec 23 pl. grav. 7 fr.

Thermosiphon (*L'Art de chauffer par le*), ou **Calorifère à air chaud**, par A***. 1 vol. in-4, avec 21 planches gravées. 2e édit. 3 fr.

Verger. — Le Verger ou la Taille des arbres fruitiers mise à la portée de tous. Ouvrage reproduisant, en la complétant, l'*Arboriculture des Ecoles primaires*, approuvé par S. Exc. le ministre de l'instruction publique et recommandé par S. Exc. le ministre de l'intérieur. 1 vol. in-18 et atlas de figures. 2 fr.

Encyclopédie illustrée du Sportsman.

Bécasse. Le Chasseur à la bécasse, par Sylvain (Th. Polet de Faveaux). 1 vol. in-12 orné de 35 figures dans le texte. 3 50

Chasseur infaillible. — Le Chasseur infaillible (*the Dead Shot*) ou Guide complet du sportsman pour l'usage du fusil, contenant des leçons progressives sur le tir de toute espèce de gibier, le tir aux pigeons, le dressage des chiens, par Marksman, traduit de l'anglais sur la 3e édition par Ch. Kerdoel, augmenté d'un appendice sur le tir de la caille, des oiseaux de marais et du gibier de mer. 1 vol. in-18. 3 50

Chevaux. — Conseils aux acheteurs de chevaux, ou Traité de la conformation extérieure du cheval à l'état de santé ou de maladie, avec de nombreuses instructions pour l'appréciation, avant la vente, des vices, défauts, affections, etc., suivi de la loi sur les vices rédhibitoires et la garantie du vendeur, par John Stewart, traduit de l'anglais par le baron d'Hanens. 1 vol. in-18. 3 50

Ecurie. — Economie de l'Ecurie. Traité de l'entretien et du traitement des chevaux (écurie, pansage, nourriture, boisson, travail), par John Stewart, traduit de l'anglais sur la 7e édition par le baron d'Hanens. 1 vol. in-18. 3 50

Cailles, Perdrix, Colins ou Cailles d'Amérique. Guide pratique pour les élever, etc., par Allary. Edition augmentée d'un chapitre sur l'*Incubation artificielle*, par A. Leroy. 1 vol. in-18. Fig. 1 50

Chasse. Carnet de chasse. in-18 oblong, joli cartonnage, toile angl. 2 50

Chasse aux petits oiseaux. — Manuel du tendeur, récit de chasse aux petits oiseaux, suivi d'une notice sur le rossignol, par J. Chahay. 1 vol. in-18. 1 25

Chasse (*La*) **et la Pêche** en Angleterre et sur le continent. Trad. de divers ouvrages anglais, 1842. 1 vol. in 8o, orné de 52 grav. 3 50

Coq de bruyère (*La chasse au*). Histoire naturelle, mœurs, lieux habités par ces oiseaux. L'art de les chercher, de les tirer, de les élever en volière, par Léon DE THIER. 1 vol. in-18. 2 50

Faisans, Canards mandarins, Cygnes, etc. Guide pratique pour les élever, par ARTHUR LEGRAND. 1 vol. in-18 avec fig. 2 fr.

Oiseaux de volière (*Manuel de l'amateur des*), ou Instruction pour connaître, élever, conserver et guérir toutes les espèces d'oiseaux que l'on aime à garder en volière ou dans la chambre, par BECHSTEIN. Trad. de l'allemand sur la 2e édit. 1 vol. in-18. 3 50

Rossignols. Manuel sur l'art de prendre vivants et d'élever les rossignols, par CONORT. 1838. In-18. 2 50

Venerie (*La*) **de Iacqves dv Fovillovx**, seignevr dvdit lieu, gentilhomme du pays de Gastine en Poictov, dédié av Roy. De nouueau reueüe, augmentée de la méthode pour dresser et faire voler les oyseaux, par M. DE BOISOUDAN, précédée de la biographie de Jacques du Fouilloux, par M. PRESSAC. 1 vol. in-4o orné de nombr. grav. et de lettres ornées. 15 fr.

JOURNAUX D'AGRICULTURE ET D'HORTICULTURE.

L'AGRICULTEUR PRATICIEN, *Revue de l'Agriculture française et étrangère*, publié avec la collaboration des Agriculteurs et Agronomes les plus distingués de la France et de l'étranger.

Ce Journal, dans lequel sont traitées toutes les questions agricoles les plus importantes, est le meilleur marché des Journaux publiés à Paris. Il paraît les 15 et 30 de chaque mois. — L'abonnement date du 1er janvier. La 12e année est en cours de publication.

PRIX DE L'ABONNEMENT POUR L'ANNÉE :

Paris, les départements, l'Algérie et la Corse............	6 fr.	» c.
Royaume d'Italie..	7	»
Belgique, Espagne, Portugal, Suisse et Colonies...........	7	50
Les o ze années publiées....................................	55	»
[illegible]aque année séparément..............................	6	»

L'APICULTEUR, *Journal des Cultivateurs d'abeilles, Marchands de miel et de cire*, publié sous la direction de M. HAMET.

Ce Journal paraît le 1er de chaque mois, par livraisons de 32 pages avec figures dans le texte. — L'abonnement date du 1er octobre. La 11e année est en cours de publication.

PRIX DE L'ABONNEMENT POUR L'ANNÉE :

Paris, les départements, l'Algérie et la Corse.................. 6 fr.
L'étranger, port en sus.

FLORE DES SERRES ET DES JARDINS DE L'EUROPE, description et figures des plantes les plus rares nouvellement introduites sur le continent ou en Angleterre, publiée par VAN HOUTTE.

Cet ouvrage paraît à des époques indéterminées, par cahiers grand in-8 composés de 9 planches coloriées et 32 pages de texte ornées de gravures sur bois.

Le tome 16 est en cours de publication.

PRIX DE LA SOUSCRIPTION AU VOLUME :

Paris, les départements, l'Algérie et la Corse................ 38 fr
L'étranger, port en sus.

L'ILLUSTRATION HORTICOLE, Journal spécial des serres et des jardins, par LEMAIRE, et publié par VERSCHAFFELT. Un cahier grand in-8 tous les mois, grav. dans le texte et 4 pl. coloriées. La 12e année est en cours de publication.

PRIX DE L'ABONNEMENT : 18 FR.

ON S'ABONNE A CES JOURNAUX

En envoyant un bon de poste ou un mandat à vue sur Paris et sur *papier timbré*, à l'ordre de M. AUG. GOIN, éditeur, rue des Ecoles, 82.

IMPR.

Evreux, A. HÉRISSEY, imprimeur. — 1165

OUVRAGES DU MÊME AUTEUR

Culture de la Vigne en plein champ, sans échalas ni attaches, suivie d'une note sur la branche à fruit du poirier et du pommier. 4e édit. 1 volume in-18 orné de 16 fig. dans le texte. Prix : 2 fr. 50 c.; *franco*. 2 75

Régénération de la Vigne par une nouvelle plantation la plus conforme aux lois connues de la végétation. Brochure in-18. Prix : 75 c.; *franco*. 1 fr.

Tableau Cep. Résumé des opérations à suivre pendant le cours de la végétation de la vigne et étude de la rupture des bourgeons à l'état herbacé. Prix 50 c.; *franco*. 60 c.

Notions élémentaires d'arboriculture à la portée de tout le monde, conseils pratiques. In-18 orné de 31 fig. dans le texte. Prix : 1 fr.; *franco*. 1 10

Ces ouvrages seront expédiés sur demande *affranchie*, et contre l'envoi de leur valeur en un mandat-poste.

S'adresser, soit à l'auteur, soit à M. Auguste Goin, éditeur, rue des Écoles, 82, seul dépositaire, à Paris, des ouvrages de M. Trouillet.

Pour les demandes de renseignements, écrire directement à M. Trouillet. (*Affranchir*.)

Evreux, A. Hérissey, imp. — 1165.

BIBLIOTHEQUE NATIONALE DE FRANCE
3 7531 05030575 5

www.ingramcontent.com/pod-product-compliance
Ingram Content Group UK Ltd.
Pitfield, Milton Keynes, MK11 3LW, UK
UKHW021646260726
13994UKWH00003B/1310

9 782329 349503